空がおしえてくれること

蓬莱大介

幻冬舎

空がおしえてくれること

はじめに　～この本がおしえてくれること～　10

第1章　晴れがおしえてくれること　15

第2章　雨がおしえてくれること　33

第5章　虹がおしえてくれること

第6章 雪がおしえてくれること

第7章 雷がおしえてくれること

第8章 警報がおしえてくれること

～平成最悪の豪雨被害に学ぶ教訓～　193

はじめに　～この本がおしえてくれること～

テレビでは言えない生の声も

こんにちは。大阪にある読売テレビで天気予報をお伝えしている、気象予報士の蓬莱《ほうらい》大介です。

僕は平日、『情報ライブ ミヤネ屋』と『かんさい情報ネット ten.』を、土曜は『ウェークアップ！ぷらす』を担当しています。ありがたいことに、現段階（２０１９年９月）では、全国で一番多くテレビのレギュラー番組を抱えている気象キャスターです。

そんな僕が、約２年の歳月を費やして、ついに！　この本を書き上げました。手に取ってくださった方、本当にありがとうございます。

読んでいただく前に、ひとつ言っておかなければならないことがあります。

この本は、堅苦しく理科的に天気を説明するような本ではありません。

毎日、天気のことばかり考えている僕が、空や自然のことをどう面白がっているのか、そして最近の異常気象に対してどう考えているのかを、テレビでは言えないような生の声もぶっちゃけながら、自分の家族や友達に話すようにお届けしていきます。イラストもすべて手描きです。

なので、勉強が得意ではないけれど、空のことにちょっと興味のある方、特にウェルカムです！

気象業界の異端児!?

そもそも僕は、子供の頃から天気のことが特別好きだったわけではなく、気象予報士を目指し始めたのも25歳と遅めで、気象業界では珍しいタイプです。

昔から、「なにかを作る仕事がしたい」「なにか表現する仕事がしたい」と漠然と思っていて、とりあえず、いろんなことに挑戦しました。

大学生の頃はシド・ヴィシャスにあこがれていて、髪の毛をツンツンに立て、ビリビリに破いたThe ClashのTシャツにライダースの革ジャンを着て、パンクバンドを組んでいました。大学卒業後は役者を目指していましたが、所属していたタレント事務所が突然なくなり、次に移ったところでは、気づいたらタレントを数十人担当するマネージャーになっていたという……。

その仕事も辞めて日雇いのアルバイトを転々としながら、「自分に向いているもの、できるものは何だろう……」と悩んでいた時に、本屋さんに3日間通ってみて自分の心のアンテナに引っかかったことをやろうと決めました。そこでようやく気象予報士という仕事に出会ったんです。

初めて気象予報士の資格試験の本を手に取った時のことを今でも覚えています。

その本の表紙を見つめながら、ふと、小学生の頃に先生に褒められた記憶が頭をよぎりました。

「ほうらいくんは生き物のことをみんなに伝えるのが上手だね」と。

当時、生き物を捕まえては学校に持っていき、図鑑で調べたり祖父に教えてもらったりしたことを、教室の後ろの黒板に書いたりして、勝手にクラスメイトに教えていたんですね。

気象予報士の本を手に取り、「これだったら自分でも人の役に立てるかもしれない」と思いました。

それまで天気予報はあまり気にして見ていなかったのですが、さっそく家に帰ってテレビの天気予報を見比べてみると、「あしたは晴れ」と同じ天気の話をしているのに、伝える人によって表現の仕方が全然違うと気づいたんです。

そうして自分のルーツを思い出すと同時に天気予報の面白さを感じ、「よし！　空や自然のことを伝える人になろう」と決意しました。

それから約1年半勉強し、27歳の時、3度目の挑戦で気象予報士試験に合格しました。

そして紆余曲折《うよきょくせつ》を経て2011年、28歳の時に気象キャスターとしてデビュー。それからは毎年のように記録的大雨、記録的猛暑、記録的寒波、記録的大雪など数々の自然災害を伝える経験を重ね、今日《こんにち》に至ります。

そんな風にして、10年近く天気や自然について伝えることに向き合ってきた僕が、空の面白さや不思議さ、そして自然の脅威から身を守る方法などを盛り込んで、1冊の本にまとめました。

番組で共演させていただいている宮根誠司氏と辛坊治郎氏の鋭いツッコミに鍛え上げられたので、内容はわかりやすくなっているはずです。

机に向かってお勉強という形ではなく、通学中や通勤中、喫茶店でほっと一息つくとき、そして寝る前などに気軽に読んでいただき、みなさんの中にある天気への興味・関心がいっそう深まれば嬉《うれ》しく思います。

第1章

晴れがおしえてくれること

晴れた朝はホッとする気象キャスター

朝起きて、カーテンを開けると青空が広がっている。

気持ちのいい光景ですよね。気象予報士の僕の場合は、そこに安堵《あんど》の感情も混じります。ホッとするんです。

「ああ～、よかった。天気予報が当たった」と。

ちなみに、令和元年の初日の東京の天気は、前日の予報では「くもり時々雨」。実際には朝に雨が降った後、昼前後に雲間から一時的に太陽が顔を出しました。夕方にまた雨が降ってきましたが、予想外の晴れ間に、生放送中の『情報ライブ ミヤネ屋』のＭＣ宮根さんのツッコミも、「蓬莱さんの予想が少し外れてありがたいことに晴れ間がありました（笑顔）」「きょうはすべての天気が東京に集まりましたね」なんて優しくなっちゃったくらい。

晴れれば、予報が当たっても外れても怒る人はほとんどいません。

気象予報士の中には、「青空は退屈だよ、雲があったほうがいい」とか「雨のほうが好きだ」なんて言う人もいますが、僕の場合はそんな理由もあって、青空が好きです。朝から青空の日は気分最高です！

ここでは、青空大好きな僕が、気象予報士としてどんな1日を送っているかを追いながら、「朝焼け」から「夕焼け」まで、「晴れ」にまつわるあれこれをお話ししていきたいと思います。

空が青く見える理由

突然ですが、空が青い理由……。みなさんは説明できますか？

僕は毎朝、通勤前に子供を幼稚園に送り届けます。最近は幼稚園に行く道すがら、子供から「なぜなぜ」攻撃を受けることが多くなりました。なかには、「ねえねえ、パパ。どうして空は青いの？」なんて質問も。

ここで、子供相手に「太陽の光というものは、そもそも波長となっていて……」と本質的に説明しようとすると、もちろんポカーンです。なので、僕はシンプルに**「空の青は、地球を取り巻く空気の色だよ」**と説明しています。

これはどういうことかというと、まず、太陽の色を思い出してください。

絵に描くと赤く塗りがちな太陽も、実際は白く見えますよね。直接見ると目を傷める恐れがありますので、写真に撮って見てください。

そもそも太陽の光にはいろんな色があって、それぞれ地上に降り注いでいるのですが、光

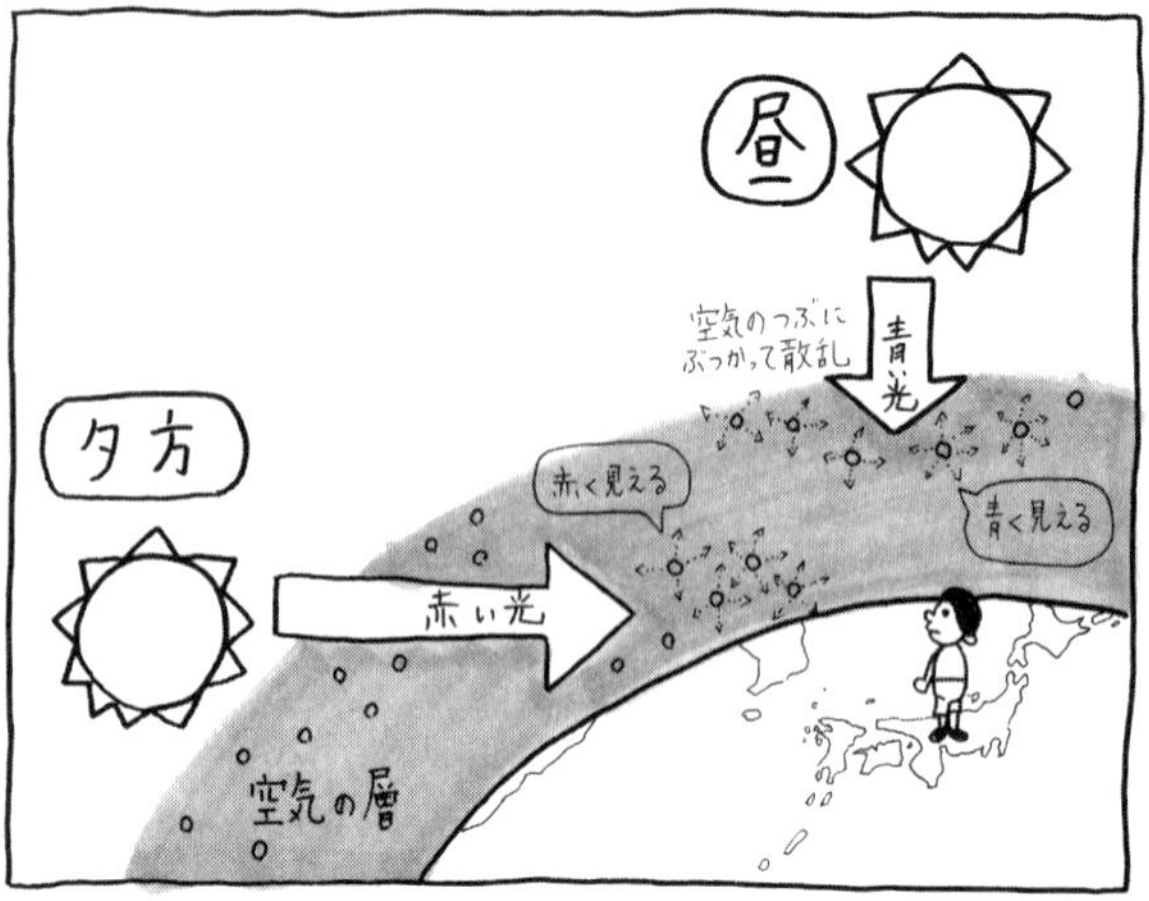

には、いろんな色が混ざると白く見える性質があります（絵の具は混ぜると黒くなりますが）。

人間の目に空が青く見えるのは、太陽の光の中にある青い光が、空気中の酸素や窒素、チリ（砂、煙、花粉ほか）などに当たって散らばっているからです。

秋や冬の空がより青く見えるのは、空気が澄んでいる証拠。空気が冷たいので、チリなどが舞い上がりにくくなるからです。

夕方になると、太陽は地平線の向こうに沈み、空の色は青から赤に変わります。

これはなぜか。人間の目には太陽の光の中の赤い光だけが届くようになるからです。

昼間、太陽は、僕らの真上に位置し、光は地上へと垂直に降り注ぎます。青い光は短い距離の所で散らばりやすいので、空の真上で散らばった青い光により、昼間は青く見えます。一方、夕方は、太陽が遠くにあるので青い光は目に届かず、遠くまで届く赤い光だけが空気中の酸素や窒素に当たって散らばり、赤く見えるというわけです。

ちなみに、空に浮かんでいる雲は、雲粒にいろんな色の光が当たって混ざりあっているので、白く見えます。この本の紙が白いのも、いろんな色の光が当たって散らばって混ざっているからです。

それぞれの物質の成分によって何色の光を散乱させるかは異なります。

植物の葉っぱが緑に見えるのは、太陽の光に含まれる緑色の光が葉っぱに当たり反射して散らばっているから。

黒い物体は、すべての色を吸収するので、黒く見えています。

海が青いのは、太陽の光の中の青色が海面で反射して散らばっているからで、他の色の光は海に吸収されます。

時々エメラルドグリーンに見えたり、濃い青に見えたりすることもありますよね。あれは、海の成分（プランクトンなど）がそれぞれ違うからです。

とまあ、ここまで説明し出すと、幼稚園児の娘はもう飽きて道端でタンポポの綿毛なんかを探し始めてしまいます。

お天気のネタ集めは、○○から

幼稚園に子供を送り届けたら、その後はひとり、電車で読売テレビへと向かいます。電車に乗ると、いろんな〝ネタ〟が飛び込んできます。

「最近、服装選び難しくない？」「冬物いつしまえばいいのかな？」「土曜のゴルフ、晴れてほしいな」「最近、雨多くない？」「今年の桜はどうなのかな」……。

僕はイヤホンをして、音楽を聞いている風なのですが、実は何も流していません。変ですよね。

というのも、そういった生の声を聞いて、「きょう、天気予報のコーナーで何の話を重点的にしたら喜ばれるのか」をリサーチしているんです。

例えば、「きょうのこの晴れ、いつまで続くのかなぁ？　布団を外干しするタイミングに迷うわ……」という話を聞いたら、「あすも晴れの天気が続きますが、あさっては雨なので、あすのうちに洗濯物を片付けておくといいでしょう」という風に情報を足します。

「天気を読むだけでなく、町の空気も読んで、有益な情報を伝える」というモットーゆえなので、〝盗み聞き〟とは思わずにいただけるとありがたいです。

ちなみにこれは気象キャスターあるあるなのですが、電車や居酒屋で、隣の席で天気の話をされると、「僕が気象キャスターだとわかっていて、わざと天気の話をしてるんじゃないか!?」と自意識過剰病になります。

「土曜のゴルフ、天気どうなんかな〜?」などとおじさん同士が話していると、「土曜は晴れますが、朝ひんやりしますよ」と声をかけそうになったり。たまに「天気予報で晴れって言ってたのに、雲がめっちゃあるやん!」という会話なんかが聞こえてきてヒヤッとしたり。

そういう時ですか……? 極力気配を消しますね。

太陽の光には紫外線がある

電車を降りて、きょう話すことをなんとなくまとめながら歩くこと5分、読売テレビに到着します。出入りが激しいテレビ局なので、ちょうど僕が会社に着くと、すれ違いざまにロケに出かけるスタッフ陣と出くわすことがあります。

その一団の中で、ひと際目立つのがリポーター役の女性アナウンサー。なぜなら日傘を差してバッチリ日焼け対策をしているからです。

僕なんかはその姿を見ると、「あらっ、せっかく晴れているのに、そんな暗い傘の中に入ってもったいないな〜」なんてちょっと思っちゃいますが、もちろん口には出しません。

でも、女性にとって日焼けは大敵ですよね。

紫外線は、春のお花見の頃からどんどん強くなっていきます。特に春の紫外線は、夏ほど日焼けはしませんが、UV-Aというしわの原因となる紫外線が強いので、お肌のケアが必要です。

本格的な夏になると、外に長時間出るようなロケの場合、男性の僕も日焼け止めはちゃんと塗るようにしています。

日焼け止めクリームもいろんな種類がありますよね。「SPF50」や「PA+++」という表示がありますが、あれの意味を知っていますか? なんとなく数字が大きいほうがいいような気がしますが……。

僕も自分が使うようになって調べてみました。

「SPF」は、日焼けやしみのもとになるUV-B(波長が短く強い紫外線)を防ぐ効果指数のことで1～50+まであります。なにも塗らない場合に比べて、どれくらい防御効果があるかという意味です。

一方、**「PA」は、しわの原因となるUV-A(波長が長く肌の奥まで到達する紫外線)を防ぐ効果指数**を表しています。++++(フォープラス)まであります。

ロケのように長時間、外に出る時は数値が大きいほうがよく、また、2～3時間おきに塗り直したほうがいいそうです。

日常で、洗濯物を干したり、買い物に行く程度であれば、数値が一番大きいものでなくても十分とのこと。日常生活は「SPF30」、外で遊ぶ時は「SPF50＋」といった具合に、使い分けをしてみてください。

天気予報の仕事も晴れと雨で全然違う

話を戻しましょう。

会社に入って自分の席に着くと、僕はまずなにをするか。

前日の予想とその日の天気がズレていないかを確認します。予想より雲の広がりが遅れていないか、気温の上がり方が予想以上に早くなっていないか……などです。

それを踏まえて十数枚にもなる予想天気図を解析したり、スーパーコンピューターの計算結果を解析したりして、あすの天気がどうなるか考えます。

そして、夕方放送の『かんさい情報ネットten.』の準備をします。この番組では、あすの天気のポイントをクレパスで描く「スケッチ予報」というコーナーがあるので、午前中のうちにどんなイラストにしようか考えます。昼頃までにえんぴつで下書きをして、お昼に一旦中断。そこからは『ミヤネ屋』の準備に入ります。『ミヤネ屋』が終わると、『ten.』が始まるまでの約1時間の間に色を塗り、絵を完成させます。

平日は毎日2つの番組を担当していますので、会社に着いてからはノンストップで仕事です。

ちなみに、「スケッチ予報」はそろそろ10年目になります。1枚描くのに約1時間半かけています。しかし放送される時間はわずか10秒……。かれこれ2000枚以上描いています。

僕の仕事の進め方は、あしたの天気が晴れるのか雨が降るのかで、だいぶ変わります。雨の予報の場合は、どこで降るのか、降り出すのはいつからか、強いのか・弱いのか、災害は大丈夫か、などと神経を張り詰めて、いろんなことを準備しなければなりません。

高気圧に覆われて晴れの予報の場合は、割と心に余裕を持って仕事ができます。やっぱり晴れは正義ですね。

「なんだよ！　晴れの時は楽してるんじゃないの!?」と思われる方もいるかもしれませんので、ちょっとだけ晴れの予想のこだわりもお伝えしておきますね。

晴れの予想のこだわり

それは、季節によって晴れの表現を微妙に変えること。

春なら「晴れて柔らかい日差しが降り注ぐでしょう」。

梅雨なら「雲の隙間から晴れ間がのぞくでしょう」。

夏なら「晴れて日差しがジリジリ照りつけそうです」。

秋なら「澄み渡る青空が広がる見込みです」。

冬なら「乾燥した冬晴れの1日となりそうです」。

どうでしょう？

このような表現の微妙な違いで、みなさんの頭の中で、イメージする青空の色が変わりませんか？

ちなみに、天気予報の「晴れ」は定義が決まっていて、「くもり」との境目はどこにあるのかというと、空を見上げた時の雲の量。**9割以上雲がある場合、「くもり」**といいます。

つまり、**空に7割雲があっても、天気予報では「晴れ」**なんです。1割以下なら「快晴」となります。

夕方には素敵な空が待っている

夕方の番組『ten.』の天気コーナーは、5時40分頃と6時50分頃の2回あります。その際に、お天気カメラでいろんな町の空の様子をお伝えするのですが、僕はこのお天気カメラが大好きで、これを肴《さかな》にお酒が飲めます。実際にはやったことありませんが。それくらいお天気カメラを操作するのは楽しいですし、飽きないんです。

だって、いろんな町の空を同時に眺められるんですよ。

例えば、雨上がりに太陽がすぐに姿を現したなら、太陽の反対方向にカメラを向けて虹を探したり、雲の隙間から大阪湾に注ぐ光の筋が見える「天使のはしご」を探したり、満月の夜はズームで月のクレーターを見たり。

それを生放送で視聴者と共有できるなんて最高じゃないですか♪

お天気カメラで特に見たいなと思うのは、快晴の日の夕方。

虹や雲がなくても最高の空が見えることがあるからです。

日が沈んでから20分ほどは地平線の向こうから光が届くので、すぐに真っ暗の夜にはなりません。この20分ほどの時間、快晴の時には、まるで町が海の底に沈んだような青と静けさに包まれることがあります。

この光景を「夕明かり」、英語では「トワイライト」、さらに素敵な言葉で「ブルーモーメント」といいます。明かりがあるのに影ができない不思議な時間、この時間を狙って撮影する方もいて「マジックアワー」なんて表現したりもします。

この20分が終わると、夜のカーテンがスーッと静かに地平線に下りてきて、一番星が輝きます。まるでその様子は、にぎやかだったきょうという舞台の幕が下りるようです。

気象キャスターは心配性！

こうして晴れの日の僕の1日を追うと、「お天気キャスター」というより「能天気キャスター」だと思うかもしれませんが、職業柄、天気の良い面ばかりでなく、悪い面も常に考えてしまうんです。

例えば、夕明かりは幻想的ですが、秋になると日が沈む時間がどんどん早くなるので、交通事故に注意が必要です。時計だけ見ていると油断しがちで、「ついこないだまで明るかったのに」と、車のドライバーがライトを点《つ》けるタイミングが遅れたりします。

昔の人は、昼と夜の境目の夕暮れを「逢魔《おうま》が時《とき》」といいました。現世とあの世の境目の時間でもあり、魑魅魍魎《ちみもうりょう》に出会ってしまう危ない時間ということです。

秋の夕暮れ時は、「外で遊ぶ子供たちは車の事故に要注意ですよ。日が沈む前に早めに家に帰るようにしましょう」なんてお天気コーナーで言うこともあります。

僕は、気象キャスターになってから心配性になったかもしれません。

災害への注意喚起はイメージするところから始まりますから、どうしても物事のいい面ばかりではなく、最悪のことも思い浮かべる癖がついているのでしょうね。

青空から始まる天気の話

ということで、晴れた日の気象キャスター・蓬莱大介の1日でしたが、どうでしたか？

さも昔から〝お天気博士〟だったかのようにお伝えしてきましたが、空がどうして青いのかを知ったのは25歳の時。気象予報士の勉強をし始めてからです。

あの時、空が青くなる仕組みを知り、外へ出た瞬間、世界が輝いて見えた感覚をいまだに覚えています。

「そうか、高校の時、教室のほこりが夕日でキラキラしていたのは、ほこりに光が当たって散乱していたからか……」なんてことも思い出しました。

また、青空が地球を取り巻く薄い薄い膜のような空気の色にすぎないと知った時は、驚きました。

仮に、地球をサッカーボールにたとえると、空気の層はハガキ1枚分くらいの厚みしかないんです。**地球の直径は約1万3000キロで、空気の層は約13キロ。地球の大きさに対して1000分の1程度**なんです。

地球に薄い膜がペターッと張り付いているから、僕らには青空が見えるんです。

雲、雨、雷、台風などの現象も、この同じ薄い膜の中での出来事だと思うと、不思議な感じがしませんか？

見上げた空を高いと感じるか、薄いと感じるか。

ここから先も、この薄い膜がある奇跡の星・地球の天気について、面白さと怖さの両方をお話ししていきたいと思います。

晴れにまつわるプチ話

お日様のいい香りの正体

普段の生活の中で天気予報に求める一番の情報として、あしたは洗濯物を外に干せるのかどうかを知りたいという人、多いと思います。

晴れた日に洗濯物を外に干すと、なんとも言えない「お日様の香り」がしませんか。子供の頃、「えっ！　太陽に匂いがあるの!?」と思ったかもしれませんが、実際に布団やタオルを太陽光に当てるといい香りがしますよね。

洗濯したタオルや布団の木綿生地は、太陽の光や熱でほんの少しだけ成分が変化します。アルデヒド、ケトン、アルコール、脂肪酸など香料にも使われる成分が木綿生地から微量に発生し、それに洗剤に含まれる香料も加わって、いい香りがするのです。

しかし、「お日様のいい香り」の正体はこれだけではありません。

心理的な「人の記憶」というのもかかわってきます。

「布団って気持ちいいよね～、タオルってふんわりしてるよね～」という「心地よさの記憶」が香りから呼び起こされるんです。

香りが記憶を呼び起こすことを「プルースト効果」といいます。

例えば、昔付き合っていた人がつけていた香水の香りが町ですると、ちょっと振り向いてしまうみたいな……。

それはいいとして。

「お日様のいい香り」の正体は、太陽の光や熱による木綿生地の化学反応、洗剤の香り、プルースト効果、この3つのようです。

第2章

雨がおしえてくれること

雨は〝好き時々嫌い〟!?

みなさんは、雨は好きですか?

多くの人は雨の日はゆううつだと感じるのではないでしょうか。

特に「雨男」「雨女」と呼ばれる人たちにとっては、イベントの日などはプレッシャーかもしれませんね。

かくいう僕も、いわゆる「雨男」。家族で旅行などするとたいてい雨が降り、妻は呆《あき》れ顔です。僕としては天に好かれているような気持ちでポジティブに受け止めているのですが。

普段の僕は雨の日をどう過ごしているかというと、雨雲レーダーを見て予想をし、「なるべく傘をささない」ように、雨雲の切れ間を見計らって移動します。こんな風に、自分の予報の腕で天気と勝負するような気分でいるので、この仕事を始めてから雨の日が好きになりました。

ただし、そんな僕も雨が降ってゆううつになることがあります。

それは、予想外の雨によって、コンビニでどうしてもビニール傘を買わざるを得ない時。レジにビニール傘を持っていくと、店員さんが「すぐにお使いになりますか?」と声をかけてくれますよね。あの何気ない会話が、僕にはこんな風に聞こえてしまうのです。

「すぐにお使いになりますか、……予想できなかったのに？」

「……予想できなかったのですから、濡《ぬ》れていってはいかがですか？」

「あなたを信じたがために濡れている人々がいる中で、それでもこの傘をさすのですね!!」

……と。

笑顔で「500円になりまぁす」と続けられると、「あなたの気象予報士としてのプライドは500円になりまぁす」と言われているような……。妄想が行きすぎて、いっそ500円を渡して「おつりは結構です!!」などと口走りそうになります。

このように1年に何度か、気象予報士としての敗北感を味わうことが……。

ちなみに現在、我が家には、4本のビニール傘が置いてあります。

降水確率の正しい意味とは？

突然の雨に降られて、僕のような感情を抱く人はまれでしょうが、傘を持っていなくてずぶ濡れになって困ったり、ビニール傘を買った瞬間に雨がやんでしまったり、買ってすぐに置き忘れたりするなど、ほとんどの人が雨で悔しい経験をしたことがあるかと思います。

気象予報士としては、そういったことをなるべく防ぐために、前日か当日の朝には、傘が必要かどうかを、できるだけ正確にお伝えしたいと日々精進しています。

雨が降るのか、降らないのか。

みなさんがこれらを判断する材料のひとつに、「降水確率」がありますよね。

突然ですが、ここで問題です。

「降水確率」の意味は、次のうちどれが正しいでしょう。仮に、「○○市の降水確率が午前中40％」とします。

1．午前中○○市の40％の地域で雨が降るということ
2．○○市において午前中のうち40％の時間帯に雨が降るということ
3．○○市において過去同じような天気の時に100回中40回雨が降ったということ

……正解は「3」です。どうです？　当たっていましたか？

降水確率は1ミリ以上の雨の降る確率を指し、時間帯や地域、強さとは関係ありません。30％でも強い雨の時はあるし、90％でも弱い雨の場合もあります。

また、「あすの天気はくもりとなるでしょう。降水確率は……」と、天気の予想とセットで伝えられ、降水確率だけで発表されることはありません。

というのも、降水確率はあくまで参考情報。**「くもりの予想ですが、過去同じような天気**

の時には100回中40回雨が降りましたよ。念のため、折りたたみ傘を持つようにしてください」という意味なんです。

誤解していた方、意外と多いんじゃないでしょうか。

ちなみに、「降水確率何％から傘を持ち始めるか」という問題。

僕は全国各地を講演会で回っているのですが、その度にこの質問をしています。

これまでの統計上、手を挙げる人が一番多いのは50％。

ただし、石川県に行った時には30％が多かったです。さすが北陸！「弁当忘れても傘忘れるな」という言葉がありますもんね。

個人的には、「突然の雨」を回避するためにも、40％でかなり怪しいと思ってもらいたいです。100回中40回、つまりは4割。野球でたとえると4割バッターです。全盛期のイチローの打率くらいと思っていただければ、納得できるのではないでしょうか？

例外として、夏の場合は30％でも注意してください。気温の高くなった空気が至る所で空高く上昇し、積乱雲が発達しやすいからです。30％でも山沿いで発生した積乱雲が市街地のほうへ流れてきて急な激しい雨になることもあります。

夏場に「降水確率30％」という予報が出ていたら、折りたたみ傘を持ち、なおかつ、暗い雲が自分の真上に広がってきたら早めに建物の中に入りましょう。

昔より大雨は増えているのか？

講演会で、「最近の天気はどうしておかしいんですか？」という質問をよく受けます。

みなさんは世間話のネタとなる「最近おかしい3つのもの」があるのを知っていますか？

それは、「（最近の）若者の言葉遣い」「（最近の）服装」「（最近の）天気」。

これらはいつの時代でも「最近おかしい」といわれてきたそうです。

とはいえ、最近の天気のニュースを見ていて、「毎年『観測史上1位の雨』って言っている！　やっぱり異常気象なんじゃないのか!!」と思う人も多いでしょう。

確かに、なんでもかんでも異常気象ではありませんが、「観測史上1位」という言葉は毎年出てきます。

天気予報を伝える立場からしても、みなさんがこの言葉に慣れてきてしまっているんじゃないかと、怖さを感じるくらいです。

「観測史上1位」というのは、よく考えてみたらすごい言葉で、「その場所で40年近く観測（主要都市は100年以上観測）している中で今回の雨は一番でしたよ」という意味です。

しかも、やみくもに脅かしているわけではなく、実際に毎年、あちこちで雨の強さが更新されているのです。

ただし、日本の年間の降水量を100年前と比べてみると、実はあまり変わっていません。「雨は増えているはずなのに、どういうこと?」と思いますよね。

気象庁にあるデータでは、2009〜2018年の最近の10年間と1976〜1985年の昔の10年間を比較すると、1時間に50ミリ以上の非常に激しい雨の回数は、約1・4倍増加しています。1時間に80ミリ以上の災害レベルの猛烈な雨の回数は約1・6倍増加しています。

1年間のトータルの雨の量は変わらないのに、短時間に降る大雨の回数が増えている。つまり、「降る時には降るが、降らない時には降らない」、極端な天気になっているのではないかと考えられるのです。

特に、近年目立って非常に激しい雨が多いのは夏の「ゲリラ豪雨」の時です。

今では浸透した「ゲリラ豪雨」という言葉ですが、これは気象庁の正しい定義をもとに作られた言葉ではありません。マスコミによる造語です。

晴れていたのに、ふいうちで激しい雨が降ってくる。これを奇襲攻撃になぞらえて「ゲリラ豪雨」と表現したのです。

何ミリから「ゲリラ豪雨」というのかはハッキリと決まっていません。ただ、テレビでは、「通道路が冠水するくらいの強さになると使っているように思います。それより弱い雨は、り雨」や「にわか雨」と表現しています。

雨量を表す「1時間に○ミリ」ってどういうこと？

ちなみに、雨の強さや量は、「1時間に50ミリ」「24時間で200ミリ」と表現しますが、みなさんはこの数字にピンときていますか？

せっかくなので、1時間に○ミリという数字の意味をここで整理しておきたいと思います。

そもそも雨は、雨量計という測器を使って観測しています。

雨量計の形は筒状になっていて、仕組みは日本庭園などで見かける、水が溜《た》まると「カコン」と鳴る「ししおどし」のようになっています。「アメダス」では、0・5ミリの雨が溜まると1回カコンとなり、それが電気信号となって気象庁にデータが送られてきます。いわば、カコンの回数で、1時間に何ミリ雨が降ったのかがわかるんですね（「アメダス」は、雨量計・温度計・日照計・風向風速計・積雪計が自動観測され、そのデータが気象庁に送られる仕組みの総称）。

雨の強さで「1時間に1ミリ」というのは、シトシトと雨が降って地面を濡らすくらいで、「1時間に10ミリ」はザーッとしっかりした降り方です。「1時間に30ミリ」は、傘をさしていても肩や足下が濡れるくらいの激しい雨。「1時間に50ミリ」の雨ともなると、傘が全く

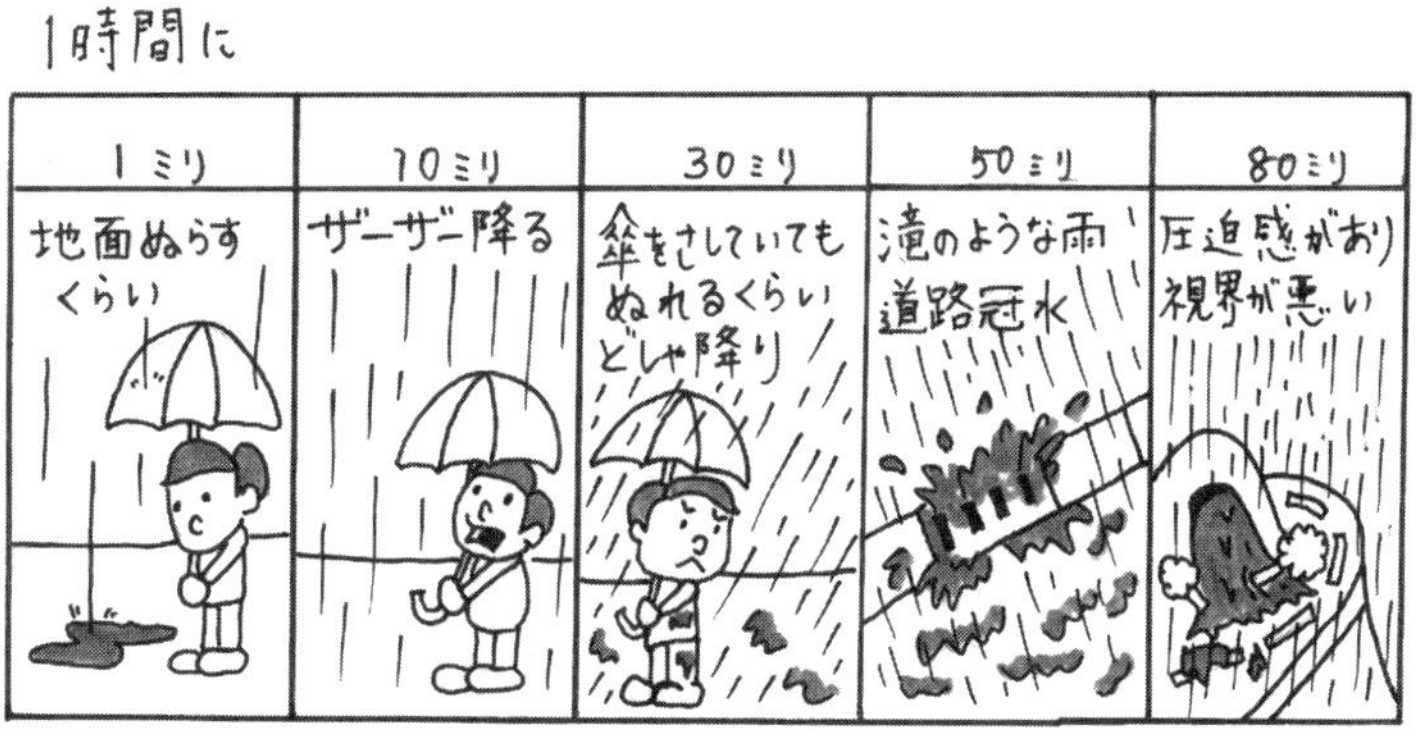

役に立たないほどの非常に激しい雨で、「1時間に80ミリ以上」は、息苦しさを感じ、数メートル先が見えないほどの猛烈な降り方です。

「1時間に50ミリ」の雨を警戒の目安に

大雨の際に、「『1時間に50ミリ以上』の非常に激しい雨の降るおそれがあります」というような表現を聞いたことがあると思います。

これは言い方を換えると、「1時間で5センチ分の水（雨）が溜まる」という意味です。町一帯に5センチ分、雨が短時間に降るとどうなるのでしょうか？

水は高い所から低い所へ流れますよね。このことから道路横の側溝に水が集中し、あっという間に数十センチの水位になり、道路に水があふれ出します。マンホールから水が噴き出したり、場所によっては蓋《ふた》が外れ、落とし穴のようになったりします。

高架下の道路で、アンダーパス（立体交差で、掘り下げ式になっている下の道路）にも水が流れ込み、水深が一気に数十センチになることもあります。

「1時間に50ミリ」という数字は、町の下水道の排水処理の限界レベル。全国の下水道の排水処理はだいたい1時間に50ミリ前後の設計になっています。

設計当時の数十年前は、1時間に50ミリの非常に激しい雨はまれに起きる現象だったんですね。しかしながら近年は、この非常に激しい雨の回数が増えています。

繰り返しになりますが、町一帯に5センチ分の雨が降ると、道路の低くなっている所などは水が数十センチ溜まります。

これは大人のひざ下くらいの高さになることも。この水深はもう危険水位で、大人でも足をとられます。子供であれば、40〜50センチの水で溺《おぼ》れることもあります。

また、車のマフラーもひざ下の位置にありますよね。

マフラーが水に浸《つ》かると、車の電源が落ちることがあります。昔の車は、窓を手動で開けられましたが、今の車は電動です。そうなると、電源が落ちた場合に車の中に閉じ込められてしまいます。実際、水へ突っ込んでしまった車が水没してしまうという事故が度々起きています。

以上のことから、警戒の目安として**「1時間に50ミリは道路が冠水するレベルの滝のような雨の降り方」**と、覚えておいてください。

「24時間で200ミリの雨」は災害が起きる目安

この流れで、もうひとつ天気予報で目安にしてもらいたい雨の数字をお伝えします。

僕の気象キャスターの経験上、**1回の雨で「200ミリ以上」まとまって降ると、土砂崩れなどの災害が発生**し始めます。

「1時間に50ミリ以上」「24時間で200ミリ以上」、この数字を天気予報で見たら、頭を災害モードに切り替えてください。

土砂災害の目安として、「その場所の1年間の降水量の10％が一気に降れば発生する」とされています。

雨量が多い場所、例えば九州の山沿いや紀伊山地の山沿いでは、年間3000〜4000ミリの雨が降ります。一方、東京は年間約1500ミリ、雨の少ない四国の瀬戸内海側では年間1000ミリほどと、地域差があります。

土砂災害に関して、よりきちんと把握しておきたい人は、自分の住んでいる地域の1年間の降水量をインターネットで検索して、調べておくといいでしょう。

どうしてゲリラ豪雨は増えているのか？

近年、雨が激しくなっている理由は、気温が昔より高くなっていること、海の温度が高くなっていることの2つが考えられます。

日本の年平均気温は、100年あたりで約1・2℃上昇しており、地球全体も100年で約0・7℃上昇しています。

これは、「地球温暖化」や「ヒートアイランド現象」が原因といわれています。

昔と違い、町がアスファルトで覆われて、車が走り、エアコンをみんなが使えば、都心部は熱がこもりやすくなるというのが「ヒートアイランド現象」。

そして、地球の熱が宇宙に逃げるのを閉じ込めてしまう二酸化炭素などのガス（温室効果ガス）が増えて気温が上昇する現象を「地球温暖化」といいます。世界中で地中に埋まっている石炭や石油を掘り起こし、燃やして大気中に放出する。さらに、二酸化炭素を吸収する木々を切って森が減少してしまった結果、空気中の二酸化炭素がほんの数十年間で急増しているというわけです。

たった0・7℃や1・2℃と思うかもしれませんが、年の平均で考えると大きな数字です。気温が上がれば、空気中に水蒸気をたくさん含むことができるようになります。その水蒸気は雨のもとになるので、雨の降り方が激しくなるのです。

また、海面の水温が高くなると海の水が蒸発しやすくなり、大気中に放出される水蒸気の量が増えます。それが日本に流れ込むような風向きになった時、大雨となります。

海からの水蒸気を蛇口の水に、気温の上昇をコップにたとえるなら、蛇口から流れ出る水の量が増えていて、さらにそれを受けるコップも大きくなっている。よって、このコップがひっくり返った時は、昔よりも激しい雨となるわけです。

「地球温暖化」や「ヒートアイランド現象」が進めば、海に囲まれている日本では、今後もっと「ゲリラ豪雨」が増えるおそれがあります。

そもそも雨って?

さて、ここまでは最近の雨について、注意しなければならないことを中心にお話ししてきました。

雨の降り方が激しくなってきている事実は、雨嫌いな人をちょっとゆううつな気分にさせたかもしれません。とはいえ、ほどほどの雨がなければ渇水となり、農作物の生育や生活用水にも影響が出てしまいますから、僕らは雨とうまく付き合っていかなければなりません。

そこで、ここからは、雨が待ち遠しくなるような、明るい話をしていきたいと思います。

手始めに、「雨」がどうやってできるかを解説しますね。

そもそも雨とは、空に浮かぶ雲から降ってくる水滴のことをいいます。

雲は、空気中の目に見えない水蒸気が風によって上空に運ばれ、冷やされることで小さな水滴や氷の粒となり姿を現します。その小さい小さい水滴が集まると、離れた所から見た時に、もくもくと白く見えるんですね。

その雲の中で小さい雲粒どうしがくっつきあって大きな水滴になり、やがて重たくなって地面に落ちてくると雨になります。また、上空の温度が低い場合は、大きな氷の粒になり、それが溶けながら落ちて雨になることもあります。

簡単に仕組みを説明しましたが、実は雲粒が集まって一滴の雨になるのは、かなり大変なことなんです。

まず、ごく小さい水の粒を想像してください。

丸いつるんとした水滴です。これが水滴どうしだと、表面張力によってなかなかくっつかないんです。そこで、大気中のチリが核として必要になります。このチリも目には見えないほどのごくごく小さなものですが、チリを核として雲粒どうしがくっつきあって、ようやく一滴の雨粒になります。

一般的に、落ちてくる雨粒は直径1ミリ程度です。

それに対し、雲粒の大きさは、直径100分の1ミリ。つまり、一粒の雨のために体積を計算すると、雲粒はなんと100万個必要なんです！　落ちてくる途中で蒸発してしまう雨粒のことも考えると、ポツッと一滴雨が地上に落ちてくるまでには、雲の中で相当大変なことが起きているんです。

雨粒はだいたい5ミリ以上になると、落ちてくる途中で下からの風の抵抗を受けて割れてしまいます。

ちなみに、雨粒の形って上がとんがって、下が丸い形をしていると思っていませんか？　実は違うんですよ。

水滴は最初こそ丸い形をしていますが、落ちてくる途中で下から風の抵抗を受けるので、下の部分は平らになるんです。雨は、いわばアンパンみたいな形で降ってくるんです。

傘がおしえてくれること

雨が降ってくる仕組みを知ると、雨もなかなか大変だとわかって、面白くないですか？　もしかしたら、根っからの雨嫌いの人には、まだ雨の魅力を感じてもらえていないかもしれないので、もうひとつ、雨の見方が変わる、雨の日に欠かせない傘の話をしたいと思います。

実は、日本は世界的に見ると雨の多い国で、日本人ほど雨に濡れることを嫌がる民族はいないそうです。

日本の傘の年間消費本数は約1億2000万本で、なんと毎年全国民が1本傘を買っている計算に！　傘の消費量は世界一だそうです。

すごい消費量ですが、一方でこんな事実も。

警視庁のデータによると、平成29年度の傘の落とし物は、東京都だけで33万2531本。東京では年間降水日数が約100日なので、**1日雨が降っただけで3000本以上の傘の落とし物が発生している**ことになります。しかも、そのうち交番や駅に取りにきた人はたったの0・9％。忘れられたほとんどはビニール傘だそうです。

これ、雨の日の会話に、役立ちません？　まだそうでもないって思われるかもしれないので、そもそも、傘がどこからきたかを紹介します。

これは諸説ありますが、多くは平安時代前後に中国から伝来したといわれています。

当時の傘は今のように開閉できるものではなく、天蓋《てんがい》のようなもので、高貴な人が日除《ひよ》けや魔除け、権威の象徴として使用していたそうです。一般の生活用品として普及したのは江戸時代中期以降で、江戸時代の浮世絵では町人が傘をさしている姿が多く見られます。

魔除けと縁起物としての傘

魔除けの意味合いとしてのルーツは、京都の知恩院に置かれた「忘れ傘」にあります。

僕もこれ、実際に見たことがあるのですが、今でも知恩院の御影堂《みえいどう》正面右側の軒裏を見上げると、骨だけになった1本の傘が置かれています。

これは、江戸時代の有名な彫刻家である左甚五郎《ひだりじんごろう》が御影堂を建てた時に、魔除けのために置いていったと伝えられています。

そしてもうひとつ、こんな説もあります。

それは、御影堂が建立されて、法要が行われた時のこと。

大雨が降るその日、傘をささずにずぶ濡れになった童子が知恩院へとやってきたそうです。

この童子の正体は、実は白狐《びゃっこ》の化身で、本堂が建つことで自分の住み処《か》がなくなってしまうので、知恩院第三十二世霊巌上人《れいがんしょうにん》に新しい住み処を作ってほしいとお願いしにきたといいます。それを聞いた上人が代わりとなる「濡髪祠《ぬれがみほこら》」と名付けた祠を建てると、白狐はお礼にと、上人がその時貸してくれた傘を御影堂に置いて「知恩院を火災など厄災から守る」と誓った、というのです。

どちらも真偽は定かではありませんが、傘は水と関係しているから、建物を火災から守るものとして、これらの説が広まっていったと考えられます。

さらに、傘には縁起物としての意味合いも。

昔の人にとって、まっすぐで末広がりな形をした和傘は、「家庭円満」を表す嫁入り道具のひとつだったそうです。

明治時代に西洋化が進み、洋傘が主流になると、そういった意味合いは次第に薄れましたが、今でもその名残から、全国でも降水日数の多い北陸地方には「傘渡し」という風習があります。これは、結婚式で父親と新婦がひとつの和傘に入り、「家庭を守ってください」「どうか幸せに」という想《おも》いを込めて、新郎に「新婦と傘を渡す」という儀式です。

とても美しい風習じゃないですか？　自分の娘で想像してみたら、ちょっと泣けてきました……。

子供の頃は雨の日がワクワク

傘というものが、ただ雨から身を守ってくれるだけではなく、家庭円満や厄除けの意味合いも込められているという点は、非常に興味深いですよね。

それでも「雨が嫌」という人に思い出してもらいたいのは、子供の頃の雨の日のこと。あの頃って、雨が降るのが楽しくなかったですか？

僕の娘は2歳の時に、祖母に花柄の傘と長靴、ピンクのレインコートを買ってもらいました。家の中でも傘を広げて「早く雨降らないかな」と待ち焦がれるくらいの喜びようで、いざ雨が降り、生まれて初めて自分で傘をさして出かけた時の嬉しそうな顔といったら、まさに、「ぴちぴち、ちゃぷちゃぷ、らんらんらん」といった感じでした。

新緑がキラキラしている春の雨だったこともあり、町の空気が潤い、植物の葉っぱに落ちる雨粒も心なしか弾んでいるように見えました。

僕は、そんな娘や町の様子から、「雨はうっとうしいもの、怖いもの」というだけではないよな、ということを気づかされたのです。

雨は自由の証し

改めて考えてみると、大人が雨を楽しむヒントは、名作映画の中にもたくさんあります。例えば『ローマの休日』。オードリー・ヘップバーン演じるアン王女が髪の毛をバッサリと切り、スペイン広場でジェラートを食べる有名なシーンがあります。そこで、彼女はこんな台詞《せりふ》を言うんです。

「1日でいいから何でも気が向くままにしたいの。カフェに行ったりウィンドウショッピングをしたり、雨の中を歩いたり」

つまり、王女にとって雨に濡れることは「自由の証《あか》し」なのですね。

また、『雨に唄えば』では、主演のジーン・ケリーが『Singin' in the Rain』を歌って踊る有名なシーンがあります。嬉しいことがあった帰り道、傘をクルクル回したり、水たまりのある道でタップダンスをして喜びの感情を爆発させるシーンです。カッパを着た気だるそうな警官がその様子を訝《いぶか》しげに見るという、対照的な姿がまた印象に残ります。

『となりのトトロ』にも雨のシーンがありますよね。雨の中、サツキとメイがバス停でお父さんの帰りを待つ場面です。そこにトトロがやってきて、サツキがトトロに傘を貸してあげる。すると、その傘にポツッ、ポツッ……と雨粒が落ちてきて、トトロが驚いた表情を見せます。さらにそこでドスーン！　とジャンプをして、木から大量の雨水が傘にザーッと降ってくると、トトロがご満悦な表情になるというシーン。

ゆううつな雨の日は、そんな名シーンに思いを馳《は》せたり、これらの映画のサントラを聞いたりして、主人公になった気分で過ごしてみるのはいかがでしょうか？

また、雨の日は美人になれるチャンスでもあります！

狭い道ですれ違う際に傘を傾けて、お互いの傘が触れないように配慮する「傘かしげ」というマナーを意識してみましょう。また、傘立てに傘を入れる時や、傘を広げる瞬間の所作を丁寧にしてみると、それだけで美しく見えます。

ぜひ、映画に出てくる女優さんのように、きれいな所作を心がけてみてくださいね。

雨を楽しむ言葉

最後に、僕が好きな「雨を楽しむ言葉」を紹介させてください。

まず、「雨は『花の父母』」という言葉。これは、雨は草木を潤して花を咲かせ、両親のような慈愛を注ぐものであるという意味です。

アジサイ、ハナショウブ、タチアオイ、クチナシ、ドクダミなどは、あえて雨の時期に咲くことを選んだ花たちという見方ができますね。

また、ドラマや映画で雨が降って展開が変わること、よくありますよね。引き離す雨もありますが、帰ろうとする恋人や客を引き留めるように強く降る雨のことを「遣《や》らずの雨」といいます。

こんな風に日本語はとても豊かで、雨の言葉だけの辞典があるほど。

ちなみに、「ゲリラ豪雨」も表現を変えると「篠突《しのつ》く雨」、地方によっては「婆威《ばばおど》し」といいます。農作業をするおばあさんを驚かすような夕立という意味です。また、「鬼雨《きう》」といって、鬼の仕業かと思うような並外れた雨のことを表す言葉も。

好きな言葉はたくさんあるのですが、一番を挙げるとしたら、「雨明《あめあか》り」という言葉でしょうか。雨に光が当たって明るく感じるような情景のことをいいます。

僕がどうして「雨明り」を一番に挙げるか。それは、大阪に北新地という繁華街があるのですが、雨が降ると車のヘッドライトや看板のピカピカした電飾など、町のいろんな明かりがキラキラと輝き始めるんです。そこを、きらびやかな格好のクラブのママとビシッとスーツを着た紳士がひとつの傘に入って、小走りでネオン街に消えていく……。古き良き時代を感じる、なんともムーディーな光景で、昭和歌謡が好きな僕にはめちゃくちゃグッとくるんです。

さて、いかがでしたか？　雨の印象、少し変わりましたか？

ここで紹介したことが、みなさんにとって、雨の日のゆううつを吹き飛ばすヒントになればとても嬉しいです。逆に、雨の日を楽しむためにこんな風に過ごしているよ、ということがあれば、ぜひ教えてくださいね。

近年の雨の傾向も知っていただけましたでしょうか？　後の章で、防災の話をまとめていますので、そちらの章と併せて雨について考えていただければと思います。

雨にまつわるプチ話

空から雨以外のものが降る現象

空から雨以外の変わったものが降ってきたという報告が、昔から世界各地にあります。

例えば、日本では「オタマジャクシが降ってきた」とか、海外では「カエルが降ってきた」「魚が降ってきた」などなど。これらの現象は「fafrotskies（ファフロツキーズ）」と呼びます。「falls from the skies（空から降ってきたもの）」の省略で、海外で作られた言葉です。

このファフロツキーズの原因はいくつか考えられます。

1. 竜巻説。田んぼや海などで発生した竜巻がオタマジャクシやカエル、魚などを巻き上げて離れた所に落としていったという説。
2. 鳥説。サギ、トンビ、ワシなど大型の鳥が口にくわえていたものを落としたという説。
3. 川の氾濫説。真夜中に大雨が降って川が氾濫し、翌朝水が引くと地面に魚などが取り残されていたという説。

4. 誰かのいたずら説。

日本でも古くからこの現象は記録されていて、江戸時代の百科事典『和漢三才図会《わかんさんさいずえ》』には怪雨《あやしのあめ》として「雨に交じって草・魚・虫・土などが降ってくる現象」と書かれています。

僕も一度、視聴者の方に「蓬莱さんの天気予報は、空から変わったものが降ってくるように聞こえる」と言われたことがあります。

それは全国の天気を伝えている時に、つい関西弁が出てしまい、「雨が降ってきました」のイントネーションが、関西以外の人には「飴《あめ》」に聞こえたそうで、「飴玉がバラバラと……!?」という連想をしたと、ご指摘をいただいたんです。

また、僕と一緒に読売テレビで働いているウェザーニューズの菅さんは東北出身ですが、何十年も前に東京で気象キャスターをやっていたことがありました。

当時、生放送で「あすは寒冷前線が南下して雨が降るでしょう」と言おうとしたら「寒冷前線がなんかして雨が降るでしょう」というイントネーションになってしまい、司会者の方から「いや、そのなにかをおしえてください」とツッコまれたんだとか。

僕も地方出身の気象キャスターとして、意図せぬファフロツキーズの予想をしないように気をつけたいと思っています。

特別コラム　～体がおしえてくれること～

季節と天気に振り回される僕の体調

僕の担当するお天気コーナーでは、花粉情報や冷え対策などをなるべく詳しくお伝えするようにしています。なぜなら、僕自身、季節や天気に大きく影響を受けるからです。他人事じゃないんですよね。

天気の分野からは少々逸《そ》れたりすることも、気になると、専門のお医者様に取材をしたりして、詳しく調べています。

花粉症のように、**ある時期になると毎年同じ症状が出ることを「季節病」**といいます。また、季節に関係なく、**ある特定の天気になると症状が出ることを「気象病」**といいます。

このコラムでは、僕自身も悩まされている、この厄介な2つの病について、テレビの天気予報のコーナーでは伝えきれない情報、おすすめの対策なども交えてお話ししていきます。

気象病とは

雨が降る前に頭痛などの症状が出る人、結構いるのではないでしょうか？

たまに「蓬莱さんの天気予報よりも私の体調のほうが（天気が）当たる」なんておっしゃる方もいて、いやはや、なんとも耳が痛い話です……。

この僕の耳の痛さは気象病とは関係ないですが、気象病のカギを握っているのは、実は「耳」なんですね。

人間は、耳で気圧を感知しています。高い所に行ったりトンネルに入ったりすると、圧迫感がありますよね。空気の圧力が変わると、耳の奥にある内耳《ないじ》が感知し、脳が情報を自律神経に伝えて、血圧を調整するなど体全体をコントロールしようとします。

ちなみに、自律神経には、交感神経と副交感神経があり、簡単に言うと、交感神経は体を活発にしようと働く神経で、副交感神経は体をリラックスさせようとする働きをします。

低気圧の接近で気圧が急に低くなると、体は「異変が起きている！」と感じ、交感神経が刺激されます。その交感神経が活発になると、痛みを感じる神経も刺激されてしまい、古傷なども痛くなるというわけです。

特に注意すべき3つの時期は、

1．気圧の変動が大きい春先
2．ジメジメした長雨が降る梅雨の時期
3．台風が近づきやすい夏の終わり

僕は雨が降る前なんかは、症状が出やすく、「天気は体で予想せんでいい！　天気図で予想するから〜！」なんて思ってしまいます。

その日1日影響を受けてしまうので、なんとか防げないものかと調べてみたところ、自律神経のバランスを整える対策は、普段から規則正しい生活をして、ストレッチやウォーキングなどの軽い運動をし、外部からの刺激（ストレス）に強くなることだそうです。

……簡単に言ってくれますが、正直、忙しい現代社会ではなかなか難しいですよね。それができりゃ苦労しないっていう……。

そこで！　僕自身が実践している「対策」をご紹介します。

気象病に効くツボ

それは、東洋医学にある体のツボを刺激することです。

まず、気象病のカギは耳といいましたが、耳を直接マッサージすることで症状を改善させる方法があります。

やり方はすごく簡単で、耳を下に3秒、その後に横に3秒、そして前後に3秒ずつひっぱる。これを3セット行います。

また、手首のしわから指3本分の所にある、内関《ないかん》というツボを刺激するやり方もあります。

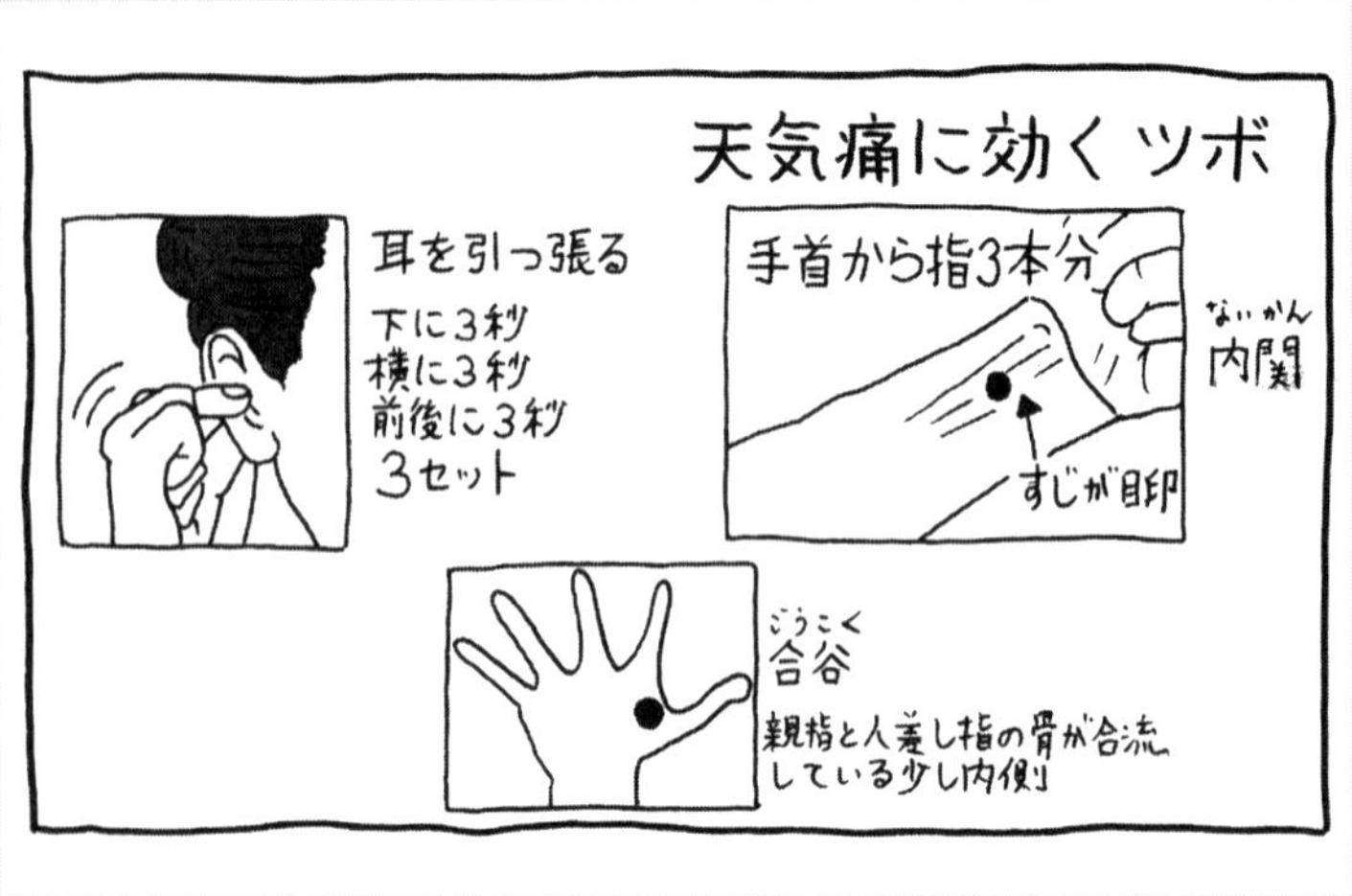

これは酔い止めにも効くツボです。

寒暖差アレルギー

耳が感知するのは「気圧の変化」ですが、季節の変わり目には「気温の変化」が体調に影響を及ぼす「寒暖差アレルギー」という気象病があります。これは、前日との日中の気温差が7℃以上下がるような時に、鼻の粘膜が冷たい空気に刺激され、鼻水が出てしまう症状です。

風邪と間違えやすいのですが、見分け方はまず、熱があるかないか。そして鼻水が透明に近かったら寒暖差アレルギー、粘質な時は風邪かもしれません。急に寒くなることによって気管が収縮するため、せきが出たりすることもあります。

「春の寒の戻り」の時や「秋の急に気温が下が

る日」は、マスクをして鼻の粘膜を保護するといいでしょう。

冷房病（クーラー病）とは

自然の気温変化ではないですが、夏場に外気と室内の温度差が極端に大きくなることによって自律神経が乱れ、だるさ・肩こり・頭痛・胃腸の不調などの症状が出ることがあります。

僕の場合は、電車やオフィスでエアコンの風が直に当たる席に座ると、おなかの調子が悪くなりますが、みなさんはどうですか？

冷房が効いた部屋で長時間仕事をされる人、特に女性は、夏場でもひざ掛けや首に巻くストールを用意しておくといいでしょう。

そして、1時間に1回は体を動かして血流を滞らせないようにしましょう。仕事中にいちいち立ち上がるのが面倒な場合は、座ったままでも足首を伸ばす・曲げるを繰り返すと血流がよくなり、冷えの対策になります。

第3章

雲がおしえてくれること

雲を眺める面白さ

僕は兵庫県明石市出身です。ここは1年を通して天気が穏やかな所で、生まれ育った家は、淡路島が目の前に広がる瀬戸内海の海岸に、10分ほどで行ける所にありました。

小学校からも海が見えたので、席替えのくじ引きではいつも窓側狙い。とはいえ、海よりも、空ばかり見ていましたね。

僕があえて〝窓際族〟になったのは、映画『ドラえもん　のび太と雲の王国』と出会った影響です。

この映画には環境問題などの内容も含まれていて、超名作なのでぜひ一度見ていただきたいのですが、なにより僕の目が釘付《くぎづ》けになったのは、のび太がドラえもんに出してもらった、とある道具。その名も「雲かためガス」（↑ぜひ、ドラえもん風の言いまわしで！）。

浮かんでいる雲にシューッとスプレーをかけると、雲が粘土のようにこねられるようになります。のび太はそれを使ってせっせといろんなものを作り、空の上に自分だけの王国を作っていくのです。

僕はこれを見て以来、空に浮かんでいる大きな雲を眺めるたびに、「おっ！　3階建てのお城にするにはちょうどいい感じの雲だな、あそこを門にして……」とか、「あの雲の向こう（南の方角）には、南国の島があるんだな〜」とか、勉強もせずにそんな妄想を繰り広げていました。

大人になっても雲を眺めることや、写真に収めることが好きです。

雲はすぐに形を変えてしまうので、二度と同じものに出会うことはありません。大体３分くらいで変わってしまうので、まさに一期一会です。

昔は撮り逃して「あ〜、カメラ持ってくればよかった……」と後悔することがよくありましたが、最近は携帯電話のカメラ機能があるので、パッと撮ることができて助かっています。

僕が撮りたくなるのは、なにかの形に見える雲。動物、魚、人の顔……。

特に、「動物の形に見える雲」の写真は何年も前からコレクションしていて、それを集めた『雲の動物園』という作品をいずれ世に出そうと計画しています。

雲を眺めることについて、ちょっと真面目な話

ところでみなさんは、最近、足を止めて空を眺めたことがありますか？

僕は職業柄、毎日何度も空を眺めます。天気図と照らし合わせて、予想通りの雲が出ているかを見比べてみたり、衛星画像で宇宙から見た雲と実際に下から見上げた雲を比べたり、普通の人より空を眺めることが多いかもしれません。

忙しい日々の中、ただぼーっと空や雲を見るだけでも、結構な気分転換になりますよ。

また、子供と一緒に見ながら話してみると、新たな発見があったり、大切なことに気づかされるかもしれません。平凡な日常の中にも見逃している楽しさがあるな、なんて。

講演会ではよく「動物に見える雲」の写真を見せるのですが、僕には「犬」に見えたものを見て、子供たちは「くま！」とか「パンダ！」とか「カエル！」とか思ってもみなかった答えを言うので、発想の違いを感じて、なかなか面白いですよ。大人も「それはどう見ても豚だろう！」なんてちょっとムキになって言ってくれると、嬉しくなります。

でも真剣な話、日頃から空を見るなど、身の回りの自然に触れておくことは、防災を考えるうえでも、とても大切なことなんです。

「雲の色がいつもと違う！」とか、「川の水の流れが速くなって濁《にご》ってきたぞ！」など、危険を早めにキャッチして、危ない状態になる前に安全な所へ逃げておくことが、一番の防災になるからです。

そして、**「想像力の欠如はそれ自体がもう災害である」**なんて言葉もあるくらい、防災では「イメージ」することが大切です。

英語の「イメージ」は、日本語だと「空想」。「空を想う」と書きますよね。

災害時のような非日常の状況に対応するために、いかに普段の日常を知っておくか。

1日3分でいいので、ぜひ足を止めて、雲を眺めたり、空を見上げたりして、「空を想う」ことを心がけてみてください。

雲の正体とは

ここでは、雲の正体についてお話ししていきます。

そもそも雲がなにで作られているか、みなさんご存じですか？

綿菓子？　そうそう、なめたら甘くて……って、んな、あほな！

すみません。ノリツッコミしてしまいました。

……正解は、小さい水滴や氷の粒です。それらが集まって雲となっているんですね。

では、この空に浮かぶ水滴はどこからくるかわかりますか？

それは、海や川、湖からです。

これらの水面が太陽に照らされて暖められると、水が「蒸発」して、水蒸気になるんですね。

水蒸気は空気の一部（気体）なので目には見えませんが、風によって空高く運ばれると、気圧が低くなる・温度が下がることにより、水滴（液体）となって姿を現します。

雲って遠くから見るとつかめそうですが、実際は小さい小さい水滴の集まりなのでつかめません。近づくと、辺りが真っ白で見えなくなります。

雲にはいろんな形があるように見えますが、実は高さや形ごとに、10種類に分類されているって、ご存じでしたか？

これは、イギリスのルーク・ハワードという気象学者が約２００年前に分類したもので、現在も、世界気象機関（ＷＭＯ）で採用されています。

ここからは、10種類の雲の特徴をイラスト付きで説明していきます（写真はＰ．90～91に）。

十種雲形

巻雲《けんうん》（別名すじ雲）

氷の粒でできていて、薄くハケではいたような印象の雲。飛行機の飛ぶ高さがだいたい８０００メートルで、それとほぼ同じくらいの高さ５０００～１万２０００メートルの位置にできます。薄い雲で、雨や雪を降らせる雲ではありません。じっと見ていると、優雅に流れているように見えますが、この高さでは時速１００～３００キロの風が吹いています。

巻層雲《けんそううん》（別名うす雲）

高さ5000〜1万2000メートルの位置にできる雲。氷の粒でできていて、太陽や月の前に重なると、その周りに光の輪っかが見えることがあります。これを、「日暈《ひがさ》」や「ハロ」といいます。月にできる輪っかは、「月暈《つきがさ》」と呼びます。

巻積雲《けんせきうん》（別名うろこ雲）

小さい雲の集まりで、青空に張り付いているように見えます。上空の風が比較的弱い時に、高さ5000〜1万メートルの位置にできます。

高層雲《こうそううん》（別名おぼろ雲）

高さ2000～7000メートルの位置にできる雲。太陽や月の前にかかるとおぼろげに見えるので、別名「おぼろ雲」と呼びます。空がぼやーっと白くなるくらいで、あまり見どころがない地味な雲です。「おぼろ」は春の季語ですが、春以外の季節にも現れます。

先ほど紹介した巻層雲も同じくぼんやりとした薄い雲ですが、巻層雲のほうが空の高い所にできます。見分け方は、影ができるかどうか。巻層雲のほうが薄いので、うっすらと太陽が見えて影ができますが、この高層雲は太陽が見えず、影ができません。

高積雲《こうせきうん》（別名ひつじ雲）

多数の丸い雲のかたまりが、高さ2000～7000メートルの空一面にベターッと広がります。別名「ひつじ雲」と呼ばれているように、ひつじの群れみたいにも見えます。晴れていたのに夕方頃からひつじ雲が出始めたら、空高い所の空気が湿ってきている証拠。次の日、雨が降るサインです。

高積雲よりも小さい雲の群れが、先に出てきた巻積雲（うろこ雲）です。この2つを見分けるには、雲に向かって腕を伸ばして人差し指を立ててみてください。ひとつひとつの雲が、人差し指の先より大きければ高積雲（ひつじ雲）。人差し指の先に隠れるくらいの大きさであれば巻積雲（うろこ雲）です。

乱層雲《らんそううん》（別名あま雲）

まず、この雲は他の雲よりも分厚いという特徴があります。雲の底部は高さ数百メートルから、雲の上部は7000メートルまでと、厚みはその時々の水蒸気の量や気温で変わります。

雨や雪を降らせる雲で、時には雷を伴うことも。分厚くて太陽の光を通しにくいため、下から見上げると、暗くどよーんとしています。暗ければ暗いほど、雨や雪の降る可能性が高くなります。それだけ、雲の中に水滴や氷の粒があるというわけです。

おそらくみなさんもこの暗い分厚い雲を見て「あ、雨が降りそ

うだな」と思ったこと、何度もあると思います。

層雲《そううん》（別名きり雲）

この雲の面白いところは、唯一地面に下りてくるということ。ただし、地面に下りてくると雲とは呼ばず、霧《きり》といいます。厳密にいうと、下りてくるのではなく「発生」ですね。地上付近から高さ２０００メートル付近に現れ、霧に包まれると、辺りが真っ白で見えなくなります。

山にかかることが多い層雲ですが、高い山の場合、斜面を空気がゆっくり這《は》い上がるような時に、山のてっぺんに白い帽子のような雲が出ることがあります。これを「笠雲」といいます。層雲は高い山と風の組み合わせにより、笠雲以外にも「旗雲」や、「つるし雲」などがあります。旗雲は、山を上った湿った空気が風下側で、風に流されながら広がる雲です。つるし雲は、強い風が山を越えたあと、波打ちながら流れていって、山から少し離れた波の盛り上がった所に発生する雲で、一度できると動かずとどまるため、空から吊《つ》るされたみたいになります。

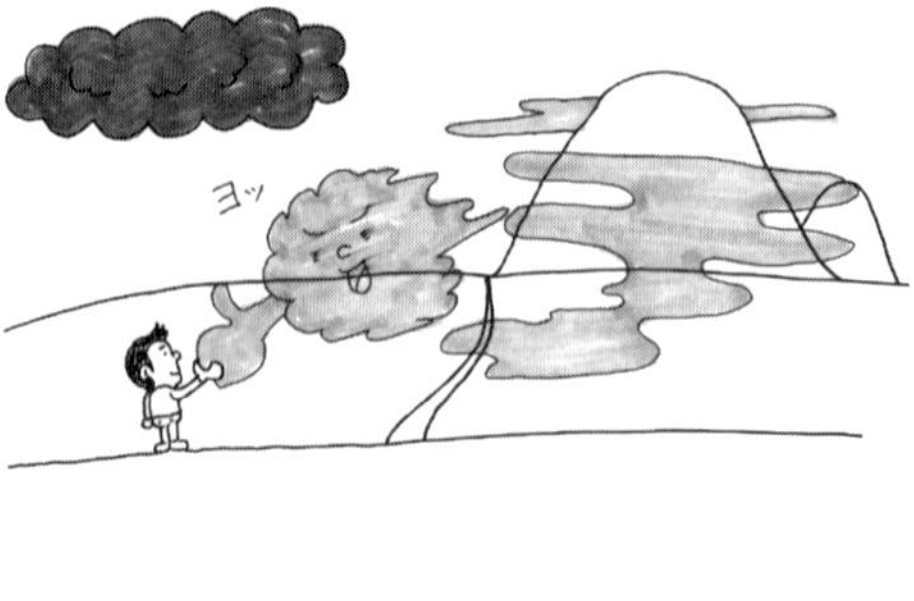

層積雲《そうせきうん》（別名うね雲）

高さ500~2000メートルの空の低い位置にできる雲。主に水滴でできていて、空にベターッと広がります。乱層雲と違うのは、雲がそれほど分厚くないように見え、ところどころ隙間もあります。

ですが、気温が低い冬場など、たまに弱い雨を降らせたり、雪をちらつかせたりすること

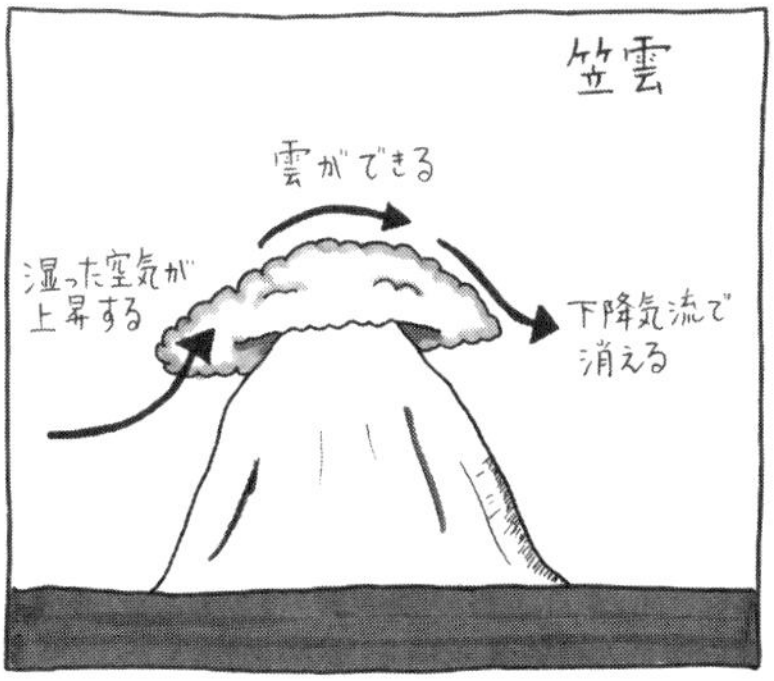

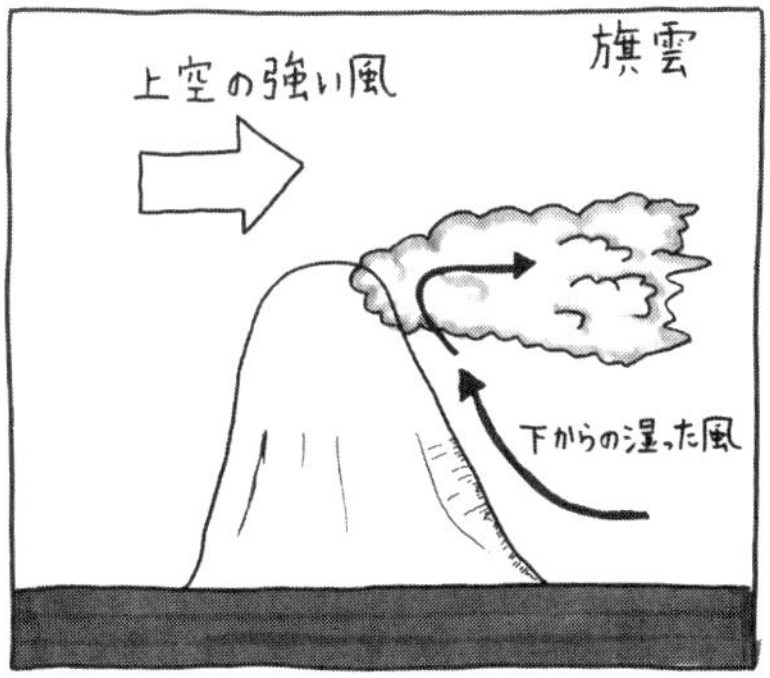

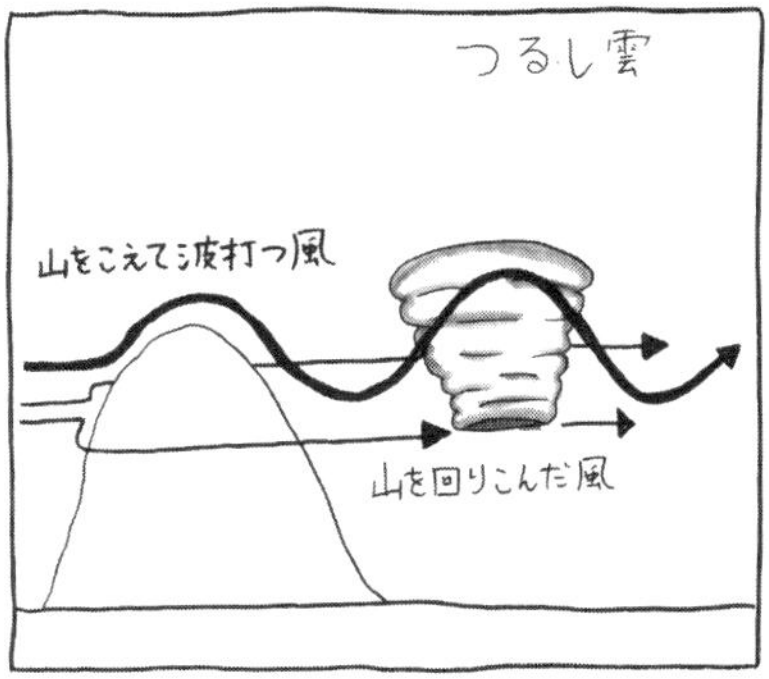

があります。

雲がぼこぼこと畑のうねのようになっていることから「うね雲」とも呼ばれます。そのぼこぼこの隙間から日差しが出ることがあり、地上に向かって伸びる光の筋が見えることも。これを「天使のはしご」といいます。

詩人・宮沢賢治は「光のパイプオルガン」と表現しました。誰しも一度は目にしたことがあると思います。

積雲《せきうん》（別名わた雲）

綿菓子のようにプカプカと浮いています。高さ数百メートルから2000メートルの位置にあり、主に水滴でできています。よくイラストなんかで描かれる雲は、積雲が圧倒的に多いですね。

小さければ可愛《かわい》いのですが、夏になると大きく成長して、積乱雲に発達することもあります。

積乱雲《せきらんうん》（別名雷雲、入道《にゅうどう》雲）

この雲は、10種類の中でも一番背が高く大きい雲で、海外では「雲の王」なんていわれています。高さは、雲の底部は乱層雲と同じ数百メートルからですが、雲頂高度は1万２０００メートルまで。水の粒と氷の粒が混ざってできた雲です。

この雲が出ると、昼間でも辺りは暗くなります。また、離れた所から見ると、雲の下の部分は灰色ではなく黒く見えます。

山のように大きな雲で、夏場、自分の頭上が晴れていても、周りに大きな入道雲がある場合はその後、急な雷雨に要注意です。大量の雨がいっぺんに降り、突風を伴うこともあります。

まれに氷の粒の雹《ひょう》を大量に降らせて、夏なのに町一帯が氷で埋め尽くされるなんてこともあります。

仲間入りできなかったあの雲

いかがでしたか？　見覚えのあるものもいくつかあったのではないでしょうか。

ただ、もしかしたら、「あの雲が入ってない!?」と思われる方もいるかもしれません。

そう！　青空のキャンバスに白いひと筋の雲……。

みなさんにも馴染《なじ》み深い「飛行機雲」ですが、実は十種雲形に入っていません。れっきとした雲ではありますが、自然にできるものではないことから別物扱いなんですね。

飛行機雲についても、説明します。

そもそも飛行機雲は、飛行機の排気ガスに含まれるチリに、上空の水蒸気がくっついてできています。飛行機が飛ぶ高さはだいたい８０００〜９０００メートル。その辺りの気温はマイナス50℃くらいなので、飛行機雲はほぼ氷の粒でできています。

エンジンから出る排気ガスにも水蒸気が含まれており、その温度は数百℃。それが一気にマイナス50℃の空気に冷やされて、雲になるというわけです。

寒い冬に「はぁ〜」って息を吐くと、白い息が出ますよね。あれは、体から出した暖かく湿った空気が周囲の空気によって一気に冷やされて、水蒸気が水滴になり白い霧（雲）となった現象です。飛行機雲も基本的に、これと同じ仕組みです。

飛行機雲は○○に間違えられる

突然ですが、僕は子供の頃に外で遊んでいて、帰り際に夕焼けの空を見た時、白い点が地平線の辺りをスーッと動いていく様子をたまに見かけました。友達と「あれ、ＵＦＯじゃない!? 隕石《いんせき》かも!?」と話していた記憶があるのですが、みなさんはいかがでしょうか。

本当にＵＦＯや隕石だった可能性もゼロではないかもしれませんが、その正体は、飛行機雲だと思います。

というのも、通常、飛行機雲は飛行機がいなくなってもライン状に残りますが、上空が乾燥していると、飛行機が移動しながら消えてしまうことがあるんですね。

それが、飛行機の機体が見えないくらい遠くにある時、まるでＵＦＯや隕石が移動しているかのように見えるのです。

飛行機が遠くを飛んでいて、点ほどにしか見えない時、白い尾っぽを引いた点が地平線の近くに現れることがあります。特に夕方頃は、尾を引いた飛行機雲が太陽に照らされて余計にそれっぽく見えるんです。

えっ？　夢を壊すようなことを言うなって？

……信じるか信じないかはあなた次第ということでお願いします。

ちなみに飛行機雲ができて、すぐに消えてしまう時は空気が乾燥している証拠。逆に、飛行機雲がなかなか消えずにぼんやり残るような時は、空気が湿っている証拠です。

僕の経験からいうと、**飛行機雲ができて30分ほどしても空に残っているような時は、次の日は雨というサイン**です。

外で遊んでいる時など、飛行機雲で天気予報をしてみるのも、おすすめです。

昔の人は雲を見て天気予報をしていた

そんな風に、雲を眺めてあしたの天気を予想することを、昔の人は当たり前のようにしていました。夏に雷雨をもたらす積乱雲（入道雲）には、地方ごとにそれぞれ名前が付けられているのをご存じですか？

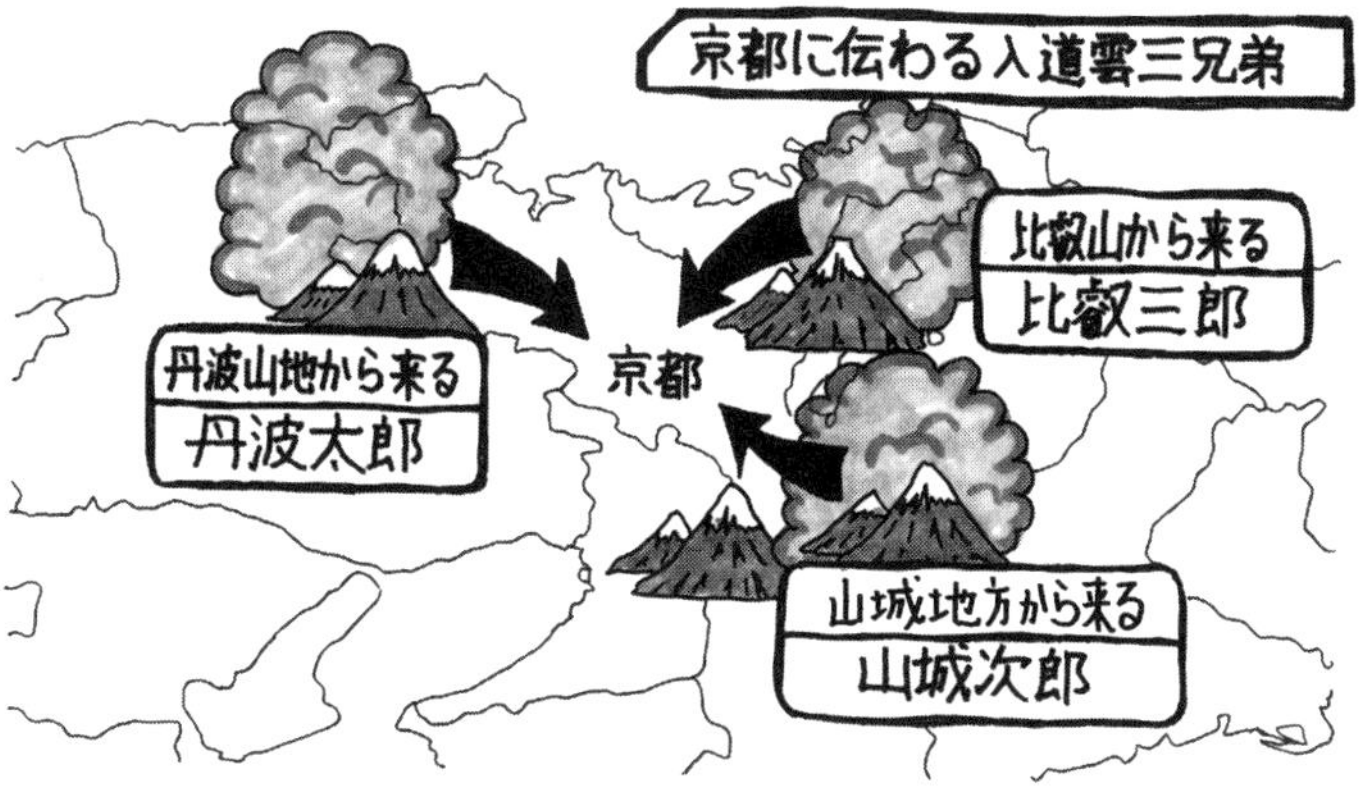

例えば、「丹波太郎」。京都から見て、西の方角に丹波山地があることから、この方角に出る入道雲をそう名付けていました。また、南の方角の山城地方からくる入道雲のことは「山城次郎」、琵琶湖の北側にある比叡山からくる入道雲は「比叡三郎」と呼び、丹波太郎・山城次郎・比叡三郎を合わせて「入道雲三兄弟」というわけです。

なんだか妙に語呂がよく、役者の名前みたいで面白いですよね。

ちなみに、関東地方だと「坂東太郎」が有名です。これは江戸から見て北の方角の利根川上流からやってくる入道雲のことをいいます。

また、四国地方では「阿波太郎」。讃岐《さぬき》（香川県）から見て南の方角の讃岐山脈に出る入道雲のことです。他にも、山口県の「石見太郎」、

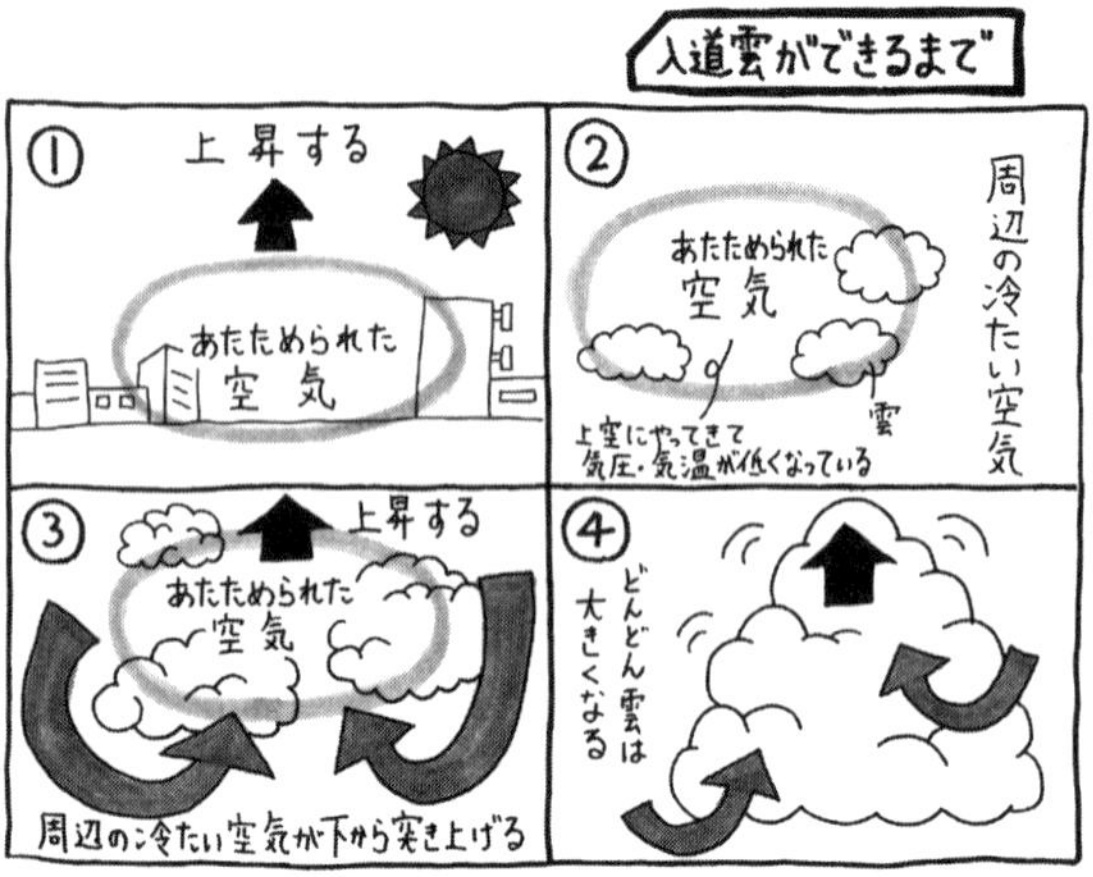

福井県の「越前太郎」、福岡県の「筑紫太郎」などなど、全国各地にはいろんな太郎雲があります。

入道雲を擬人化して親しみながらも注意していくという、日本的な発想が面白いですね。

みなさんも、入道雲がどこからくるかで、名前を付けてみてはどうでしょうか？

他の雲と違う積乱雲

ここでは、積乱雲をもう少し深掘りします。なぜ、夏の入道雲は他の雲より大きくなるのか。これには強い「上昇気流」が関係しています。

まず、夏になると地上が太陽に照らされて、気温が高くなりますよね。すると空気は暖かくなり、また、暖かい空気は軽くなる性質があるので、どんどん空へと運ばれていきます。

水蒸気は目に見えませんが、高度が上がって、気温や気圧が下がると目に見える水滴となって、その集まりが雲となります。

このように、暖かい空気が軽くなり、どんどん上空へと昇っていく流れを「上昇気流」といいます。

これは、どういうことかというと、気球をイメージしてください。

気球は空に浮かぶ前に、バーナーでボーッと、火をつけますよね。そして火を強めて温度を上げることで、空高く上がっていきます。夏の上昇気流も同じ仕組みで、太陽に照らされて気温が高くなればなるほど、空高く舞い上がっていくのです。

ある程度の高さまで暖かい空気が運ばれると、空の周辺の気温が低くなり、放っておいてもどんどん暖かい空気は持ち上がります。

上空にある冷たい空気と暖かい空気がぶつかると、冷たい空気は重いので、持ち上がってきた暖かい空気の下に潜り込もうとして、暖かい空気はより突き上げられるような形で上昇を強めます。こうした動きが繰り返されることで雲の頭は一気に高くなっていくのです。

雲は、速い時で約20分で積雲から積乱雲へと成長します。

また、山の近くでは、暖かい空気が風に押され、斜面を駆け上がる速度が上がるため、より積乱雲ができやすくなります。

山のほうで成長した積乱雲が、上空の風に流されて町へくることもよくあります。

雲の中では、水滴や氷の粒がくっついたり、こすれたりしながら上下にかきまわされていて、水滴が大きくなってこれ以上空に浮かんでいられない！　となると、一気に下降気流となり、雲の中の水滴や溶けた氷の粒が降ってきます。これがいわゆる「ゲリラ豪雨」で、場合によっては氷の粒は溶けないまま降ってきて「雹」になります。

昔はなかなか予測ができなかった「ゲリラ豪雨」を降らせる積乱雲ですが、雨雲レーダーや気象衛星「ひまわり」、スーパーコンピューターなどの進歩により、積乱雲になりそうな雲を成長する直前にレーダーで見つけることで、なんとか予測しようという研究が進んでいます。

スーパーセルとは

激しい雨や突風、雷を伴う怖い雲である積乱雲に、「スーパー」がつく場合があります。その名は「スーパーセル」。日本語で「巨大積乱雲」と呼ばれる雲です（セルとは本来、英語では細胞という意味ですが、気象用語では積乱雲を意味します）。

先ほど説明した通り、通常の積乱雲は上昇気流が発生し雲が成長を終えると、下降気流に転じて雨を一気に降らせます。

「スーパーセル」の場合は、通常の積乱雲よりも大きく、上昇気流と下降気流の両方が同時に存在するため、寿命が長いという特徴があります。

通常の積乱雲は、発生して雨が降って消滅するまで30～50分ですが、「スーパーセル」は数時間存在します。そして、雲自体が水平方向に回転しているため、地上付近の風の回転とつながると「竜巻」を起こす可能性も。

竜巻は、アメリカなど、風がぶつかり合うような広大な土地のある所で発生しやすいですが、日本でもまれに発生し、2012年5月に茨城県つくば市で起きた竜巻は、「スーパーセル」によるものといわれています。

正直なところ、一般の人には積乱雲と「スーパーセル」の違いは、下から見上げただけではよくわからないと思います。なので、いずれにせよ雲の底が真っ黒な怪しい雲が近づいてきた場合は、早めに頑丈な建物に避難するようにしましょう。

現状の技術では、「あすは『スーパーセル』が発生しますのでご注意ください」とはお伝えできません。しかし、「あすは大気の状態が非常に不安定で積乱雲が発達しやすいです。○○地方では急な激しい雨、落雷、雹、竜巻などの突風にご注意ください」とまではお伝えできますので、「大気の状態が非常に不安定」と聞いたら備えていただければと思います。

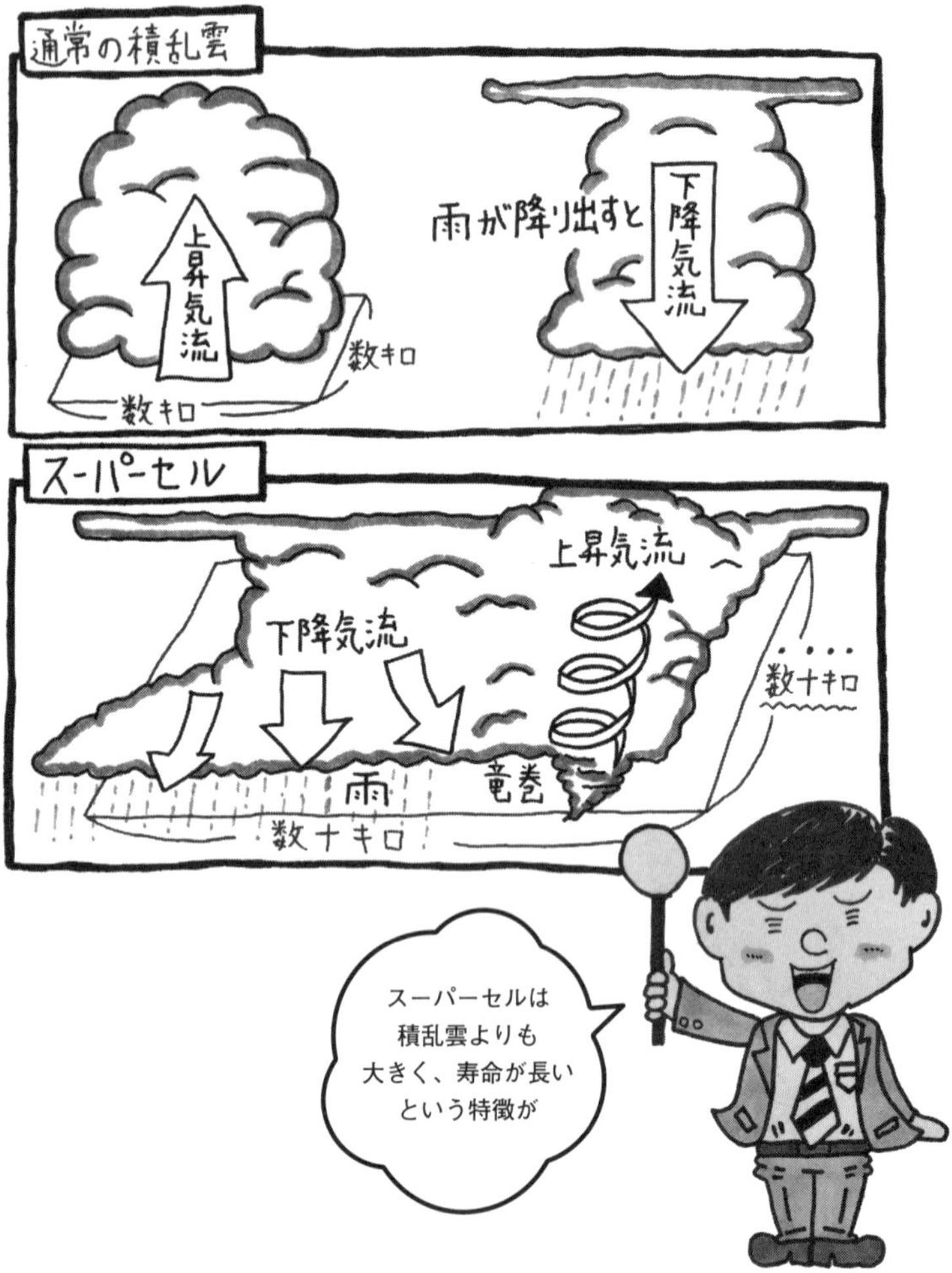

通常の積乱雲
上昇気流
数キロ
数キロ
雨が降り出すと
下降気流
スーパーセル
上昇気流
下降気流
数十キロ
雨
竜巻
数十キロ
スーパーセルは
積乱雲よりも
大きく、寿命が長い
という特徴が

テレビを見ていると、画面の上に**「竜巻注意情報」**と速報が出ますよね。その時に「この先1時間は頑丈な建物に避難してください」というテロップも一緒に出るかと思います。

これは、必ず竜巻が起こるとは言い切れないのですが、**「竜巻が起きてもおかしくないような積乱雲が発生していますよ・発生する状況ですよ」という意味**です。こういった情報もうまく活用し備えをしてください。

雲の詩

僕が好きな詩に、俳人・正岡子規の「春雲は綿の如く、夏雲は岩の如く、秋雲は砂の如く、冬雲は鉛の如し」というものがあります。これを初めて知った時、四季折々の雲の様子をうまく表現していて、「まさに！」と思いました。

空を見れば当たり前に存在する雲。

その雲を眺めることで、日常にある自然の楽しさや一期一会のきょうという日の大切さに気づかせてくれるかもしれません。

さあ、空を見上げてみてください。

今、どんな雲が出ているでしょうか？

雲にまつわるプチ話

地震雲ってあるの!?

誰にとってもおそろしいものなのに、予測が難しい地震。

古くから地震の多い日本では、その前ぶれとしてさまざまな言い伝えが残っています。

例えば〝クジラやイルカが大量に浜辺に打ち上げられる〟〝なまずが騒ぐ〟などが有名です。

動物は、人間にはない鋭い感覚があるので察知できるといわれていますが、はっきりとした理由はまだ解明されていません。

天気の面でいうと「地震雲」と呼ばれるものがあります。

普段はあまり見ない変わった雲をそう呼ぶことが多いのですが、僕のところに写真を持って質問にくるそのほとんどは、飛行機雲です。

よく地面から空に向かって一直線に伸びた雲が地震雲だといわれるのですが、あれは地面から雲が出ているわけではありません。飛行機雲が地平線の向こうに伸びた時に、目の錯覚によってそう見えてしまうんです。この雲は風が弱ければしばらく流されず、その場にとどまるので、より地面から出ている感が増してしまうのではないかと考えられます。

その他にも夕焼けがいつもより赤く見えたりする時も地震の前兆ではないかといわれることがありますが、たまたま大地震の前に変わった空に出会うと、普段であればそのような空を見たことは忘れてしまうのに、地震の記憶と一緒に強く残ってしまうのかもしれません。

こんな仮説もあります。「地震が地盤のズレにより起こることから、地面の中で岩や石がこすれたり、圧力がかかることで電磁波が発生し、それが影響して地震雲が発生する」というもの。

ただし、これは現在研究中で、気象庁の立場としては、「現時点では100%ないとは言い切れないが、科学的な扱いはできない」という見解を示しています。

もし、普段は見ないような雲が空にあっても、まずはあわてずに、変なデマを流さないことです。

その雲を見たら、「あっ、そういえば懐中電灯の電池はちゃんとあったかな」など防災を意識するきっかけにするといいかもしれないですね。

十種雲形写真

P.70〜77で紹介した10の雲たち。並べてみると、それぞれ違う形なのが一目瞭然！

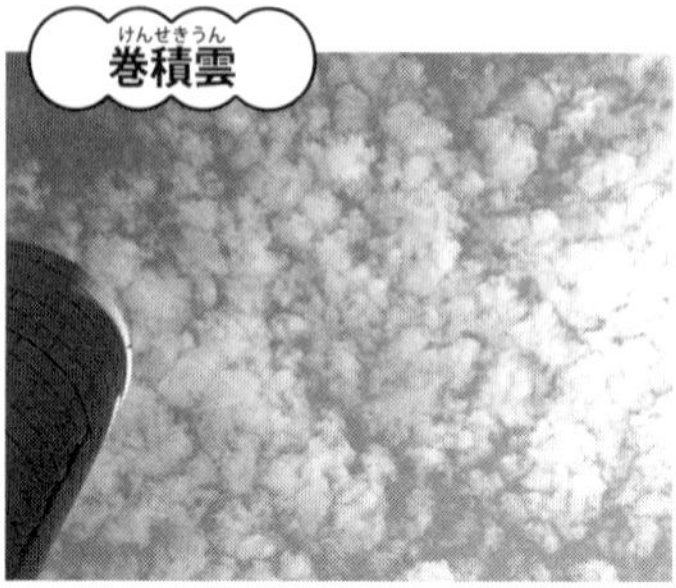

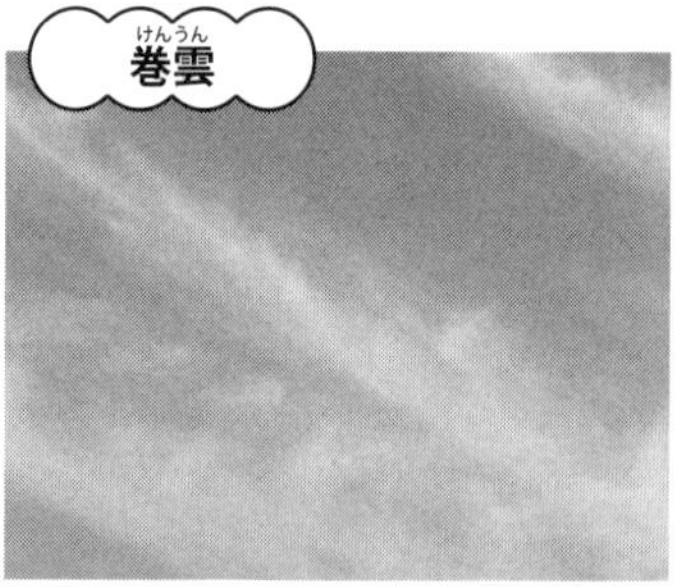

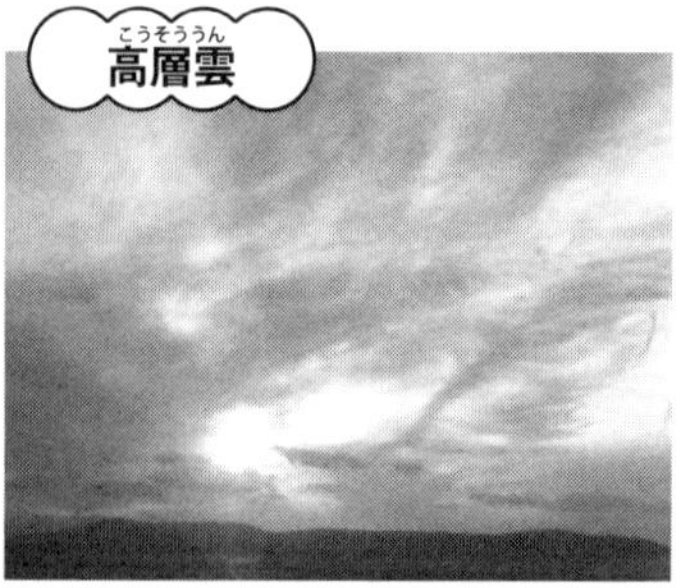

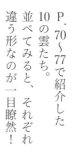

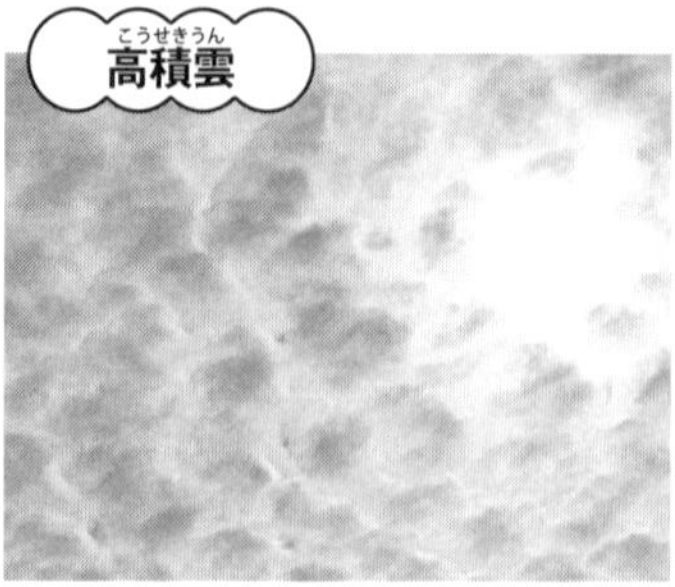

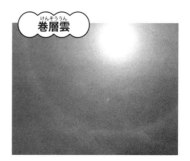

積雲《せきうん》

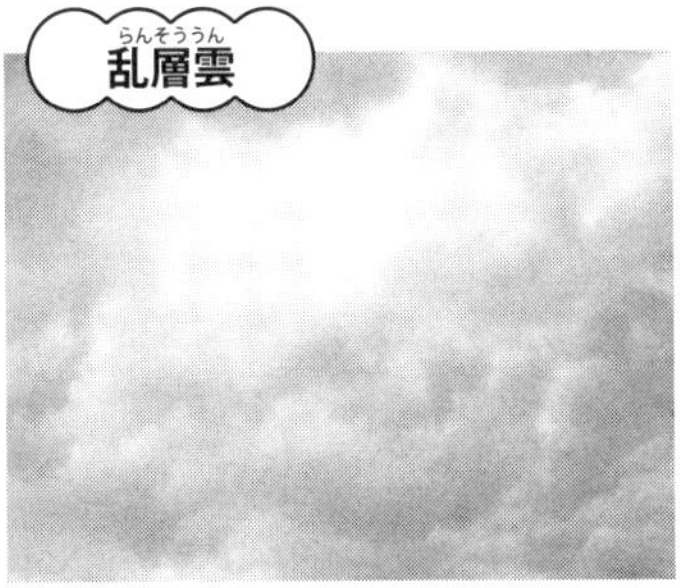
乱層雲《らんそううん》

積乱雲《せきらんうん》

層雲《そううん》

プチ話で
紹介した
地震雲の一例。
この正体は
飛行機雲！

層積雲《そうせきうん》

第4章

風がおしえてくれること

風で流れが変わるものといえば？

天気に変化をもたらす風。

人生も、転機が訪れた時に「追い風が吹く」「向かい風が吹く」なんて表現しますよね。僕でいうと、芽の出なかった俳優時代は「逆風」が吹いていましたが、今は天職に出会えて、ようやく「順風満帆」といったところでしょうか……!?

スポーツの世界も、流れが変わる瞬間ってありますよね。

大阪に住んでいる僕は、たまに甲子園球場へ野球観戦に行きます。野球は、ワンプレーでガラッとゲーム展開が変わるので面白いですよね〜。

とはいいつつも、僕は職業柄、プレーを見ながら「あっ、これはあの風が影響しているのかな？」と考えたりしています。

ドーム以外の野球場にはその土地特有の風が吹いていて、それが影響してゲームが動くことがあるんですよ。しかも、甲子園球場は、風の影響を受ける代表的な球場のひとつなんです。

どういうことかというと、兵庫県西宮市の甲子園球場は、六甲山系の山々が北西側に、海が南側にあります。球場内の位置関係でいうと、ホームベース側は北にあたり、バックスク

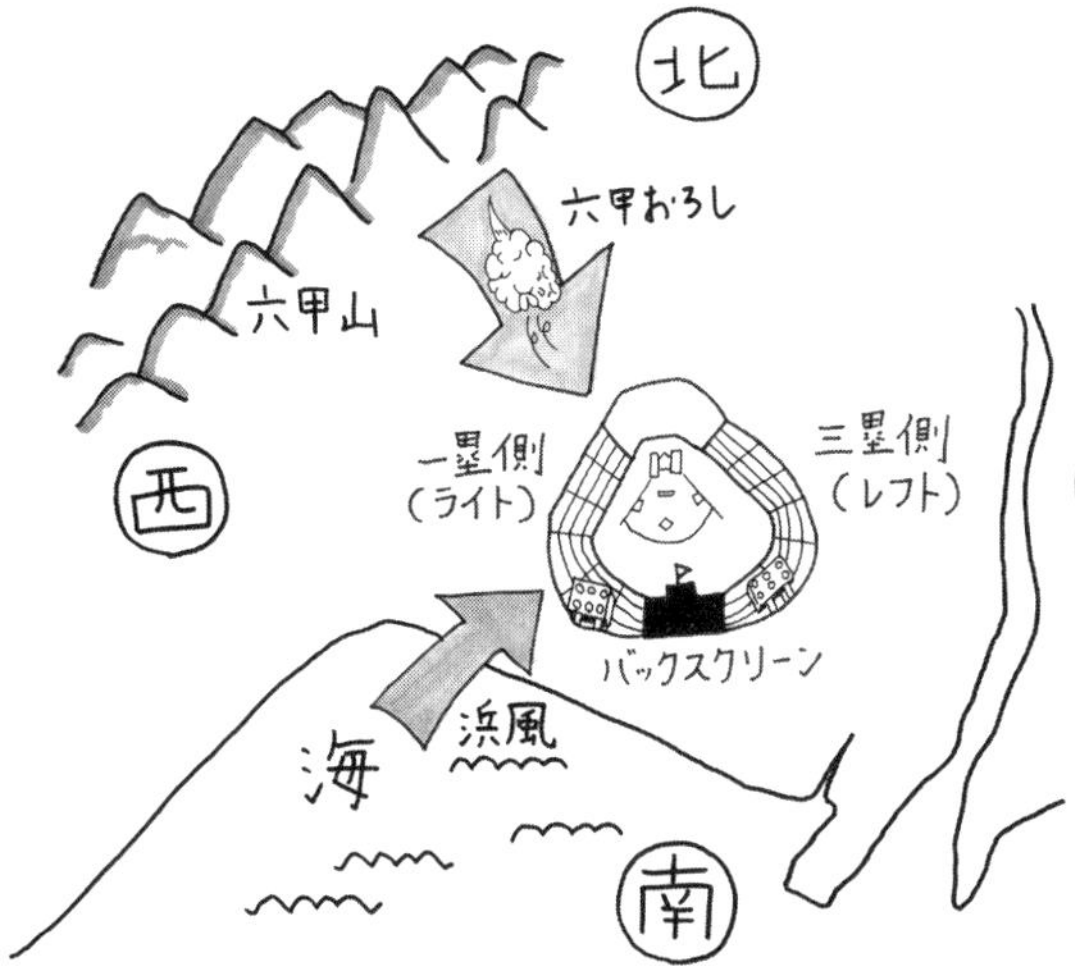

リーン側は南にあたります。

この六甲山からくる「六甲おろし」と海からの「浜風」が、甲子園球場のドラマを生む〝2大風〟なんですね。

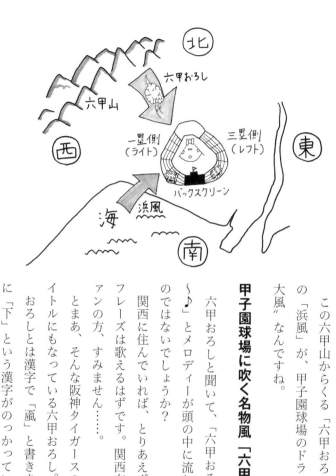

甲子園球場に吹く名物風「六甲おろし」

六甲おろしと聞いて、「六甲おろしに颯爽と〜♪」とメロディーが頭の中に流れた人も多いのではないでしょうか?

関西に住んでいれば、とりあえず最初のワンフレーズは歌えるはずです。関西在住の巨人ファンの方、すみません……。

とまあ、そんな阪神タイガースの応援歌のタイトルにもなっている六甲おろし。

おろしとは漢字で「颪」と書きます。風の上に「下」という漢字がのっかっているように、主に冬季に山の上から吹き下りてくる冷たい風が「おろし」です。

冬の風……？　と疑問に思われるかもしれません。

そうなんです。冬に吹く北風なので、野球のシーズン中はあまり吹きません。なのに、なぜ応援歌のタイトルにもなって、ファンに愛されているのでしょうか。

それは、六甲おろしが北からの風だからでしょう。つまり、攻撃するバッター側にとっては「追い風」になるわけです。

阪神タイガースのファンは、7回の攻撃の時には風船を飛ばし、『六甲おろし』を歌います。そしてタイガースが試合に勝った日には、「このままあしたも『追い風』に乗ろうや〜」という景気づけに、『六甲おろし』を歌いながら帰路に就くのです。

勢いに乗せてくれる攻めの風というのが、いかにも関西人の気質にあっているような気がします。それが愛される理由なのでしょうね。

気象の面から補足すると、冬に吹く風ではありますが、夏場にも六甲山のほうで積乱雲が発達して、甲子園球場方面へと流れてくることがあります。

もし、真夏なのに神戸市方面や西宮市方面において六甲おろし（北風）が吹き出したなら、雨雲が山のほうから近づいてきている兆しなので、ご注意ください。

高校野球の命運を握る「浜風」

もうひとつ、阪神戦や甲子園でドラマを生む風、それが「浜風」です。

ライト方向（一塁側）からレフト方向（三塁側）へと吹く「浜風」は、夏の時期、朝から暑い日ほど、お昼以降に強まります。

甲子園球場で野球を見ていて、もし、スコアボードの上の旗が三塁方向にたなびいていたら、ドラマが生まれる合図です。

その後のプレーで、レフト方向の打球が予想以上に伸びたり、センター・ライト方向の打球が予想以上に手前に落ちたりするかもしれません。

プロ野球選手に聞いたのですが、浜風が強いと、上がったボールが流されるだけでなく、風に乗って0《レイ》コンマ何秒かボールが落ちてくるタイミングがズレるそうです。すると、甲子園球場に慣れていない高校球児は、グローブを0《レイ》コンマ何秒か早めに閉じてしまって、落球につながることがあると。

高校野球で「甲子園にはドラマがある」なんて言われますが、それは目には見えない「浜風」がゲームのカギを握っているのかもしれませんね。

そもそも風はどうして吹くのか

さて、ようやく本題に入ります。

目には見えない風ですが、そもそもどういう仕組みで吹いているのでしょうか？　風の吹き始めはどこにあるのか、不思議に思ったことはありませんか？

一言でいうと、**風とは空気の移動**なんですね。

太陽が陸地や海を暖めることで、空気は動きます。

まず、地球に降り注ぐ太陽の熱は、直接、空気の層を暖めるのではなく、陸地や海を暖めます。空気が暖まるのは、陸地や海が暖まってからなんです。

その陸地や海ですが、陸のほうが海より暖まりやすい性質があるので、昼間は陸の温度が上がります。すると、温度の高い空気というのは、密度が小さく軽い性質があるため、どんどん上空へと上がっていきます。

空気が上空に行ってしまったら、陸地付近は空気が少なくなってしまいますね。そこで海のほうから陸に向かって空気が動くというわけです。

反対に夜になると、陸のほうが海より冷えやすい性質があるので、陸から海に向かって風が吹きます。

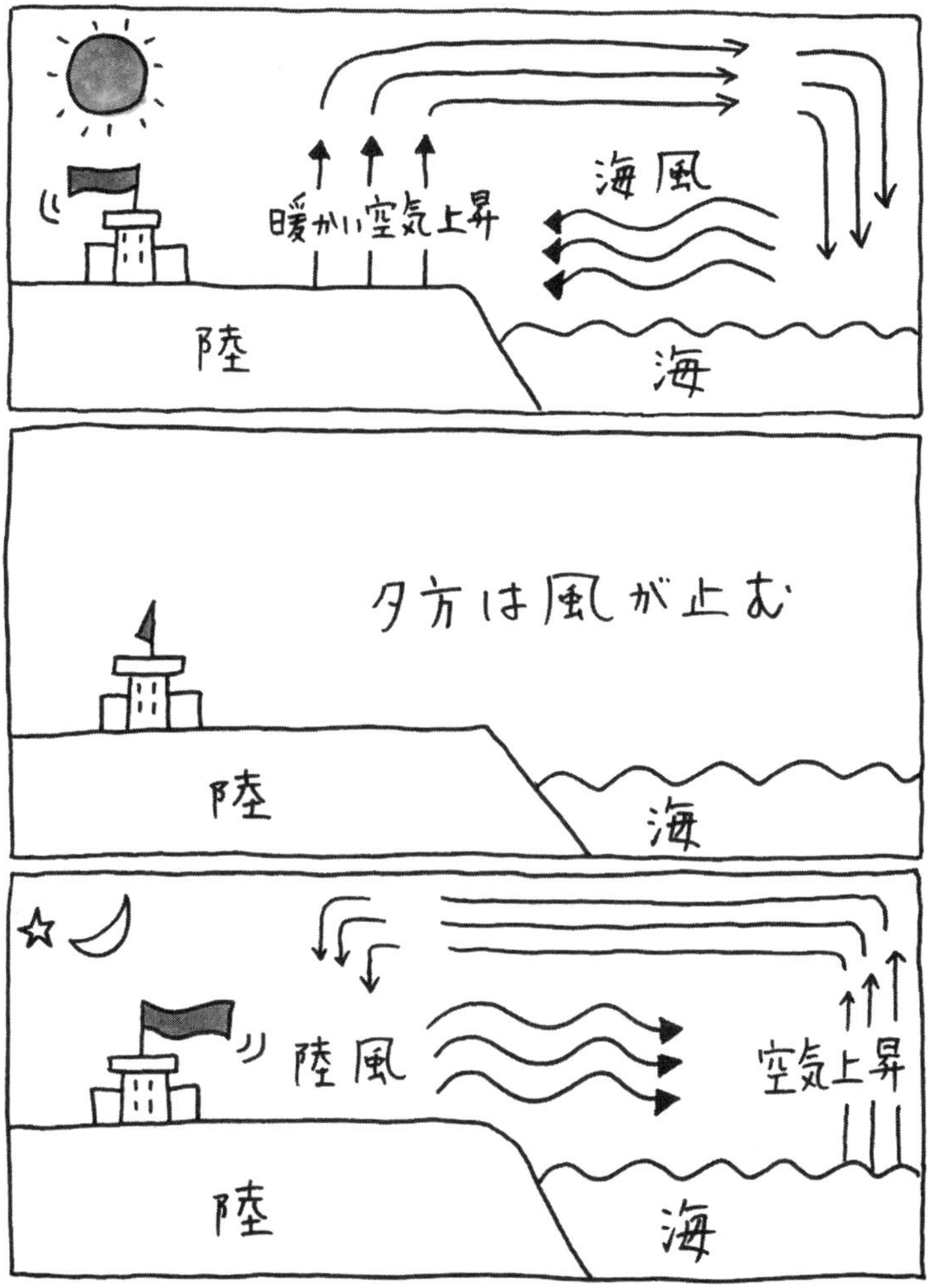
暖かい空気上昇
海風
陸
海
夕方は風が止む
陸
海
陸風
空気上昇
陸
海

では、夕方はどうでしょう？

ヒントは「夕凪《ゆうなぎ》」という言葉です。

「凪《なぎ》」という漢字には「止」が入っていますね。

正解は、風向きが入れ替わるので一旦「風が止まる」んです。

高気圧・低気圧と風の関係

風が吹く仕組みには、高気圧、低気圧も関係しています。

みなさんも、なんとなく「高気圧は晴れ、低気圧は雨」と覚えているのではないでしょうか？

簡単に説明すると、高気圧は、空の高い所から空気が下りてきて、地表付近で時計回りに風が吹き出します。高気圧のエリアは、空気が下りてくるような所なので、雲が発生しにくく晴れやすい。だから、高気圧に覆われると晴れるんですね。

一方、低気圧は、地表付近の風が反時計回りに吹き込み、空気がぶつかりあって上昇気流を発生させます。その結果、低気圧の近くでは上昇気流が生じ、雲が発生しやすくなって雨が降ります。

空気というのは、気圧の高い所（空気がたくさん集まっている所）から気圧の低い所（空気が少なくなっている所）に向かって流れていきます。

このように、気圧の差によって空気が移動する流れも、風が吹く仕組みのひとつです。

季節によって吹いてくる風が違う「季節風」

海と陸の関係、気圧の関係、これらを理解すると、日本で吹く季節風の仕組みもわかります。

どうして日本では、夏になると南からの蒸し暑い空気が入り、冬になると北からの冷たい空気が入るのか……。

頭に地図をイメージしてください。

日本の北側にはユーラシア大陸、南側には太平洋があります。

夏は、大陸と海上の気温がともに上がりますが、より早く気温の上がる陸のほうが気圧が低くなります。そうすると、より気圧の高い海上から大陸に向かって風が吹きます。

大陸と海に挟まれた日本列島は、その大規模な流れの中間に位置しているんです。

ちなみに冬は逆に、大陸のほうが海より気温が低くなります。陸地に冷たく重たい空気が溜まり、気圧が高くなる。そうすると、日本海や太平洋のほうへと北風が吹き出すので、日本列島の冬は冷たい北風が吹きやすいというわけです。

風の強さの目安

平均風速 5メートル（瞬間風速 10メートル）	髪の毛が乱れる	ちょい強めレベル
平均風速 10メートル（瞬間風速 20メートル）	停めている自転車や店の看板が倒れる 傘が裏がえる	注意レベル
平均風速 25メートル（瞬間風速 35メートル）	立っていられない・歩けない 細い木の幹が折れる	警報レベル
平均風速 35メートル（瞬間風速 50メートル）	ビルの看板が外れたり、トタン板が空を舞う 走行中のトラックが横転する	非常に危険レベル

風の強さの目安

ここからは生活に関係する風の話をしましょう。

よく天気予報で、「風速○メートル」なんて言いますよね。

これは仮に、**風速10メートル**とすると、「10m／s（second・秒）」のことで、**「1秒間に10メートル先まで空気が移動する速さ」**という意味です。

それぞれの風の強さの目安は、上の図のような感じです。

台風情報などで、「最大瞬間風速40メートルを観測しています。不要な外出は避けてください」と呼び掛けていることがありますよね。もしかしたら、そんなオーバーな、と思うかもしれませんが、40メートルの風は決して大げさではないんだと、僕は強く言いたいです。

実際に体験した猛烈な風

というのも、2018年9月、関西を台風21号が襲い、大阪市内で最大瞬間風速47メートルが観測されました。この時僕は、荒れ狂う風の中、大阪の読売テレビから天気予報を伝えました。

それはもう、大人でもなにかにつかまっていないと体が持っていかれるほどの威力でした。瓦は飛ぶわ、がれきは飛ぶわで、とても外に人がいられる状態ではなかったです。

また、目の前を流れる第二寝屋川の上で、見たこともない水上竜巻のようなものが発生しました。

後で振り返れば、読売テレビの社屋やその周りのビルに風が当たり、複雑な風の流れでできた渦だとわかったのですが、その時は驚いて、「うわ！　なんだこれ！」と声を上げてしまいました。

都会の風は、ビルとビルの間に風が集まって局地的に強くなったり、風向きが変わったりと、複雑な流れになっています。

この時のビル風は本当にすさまじく、大阪市内の街路樹700本以上が倒木や枝折れの被

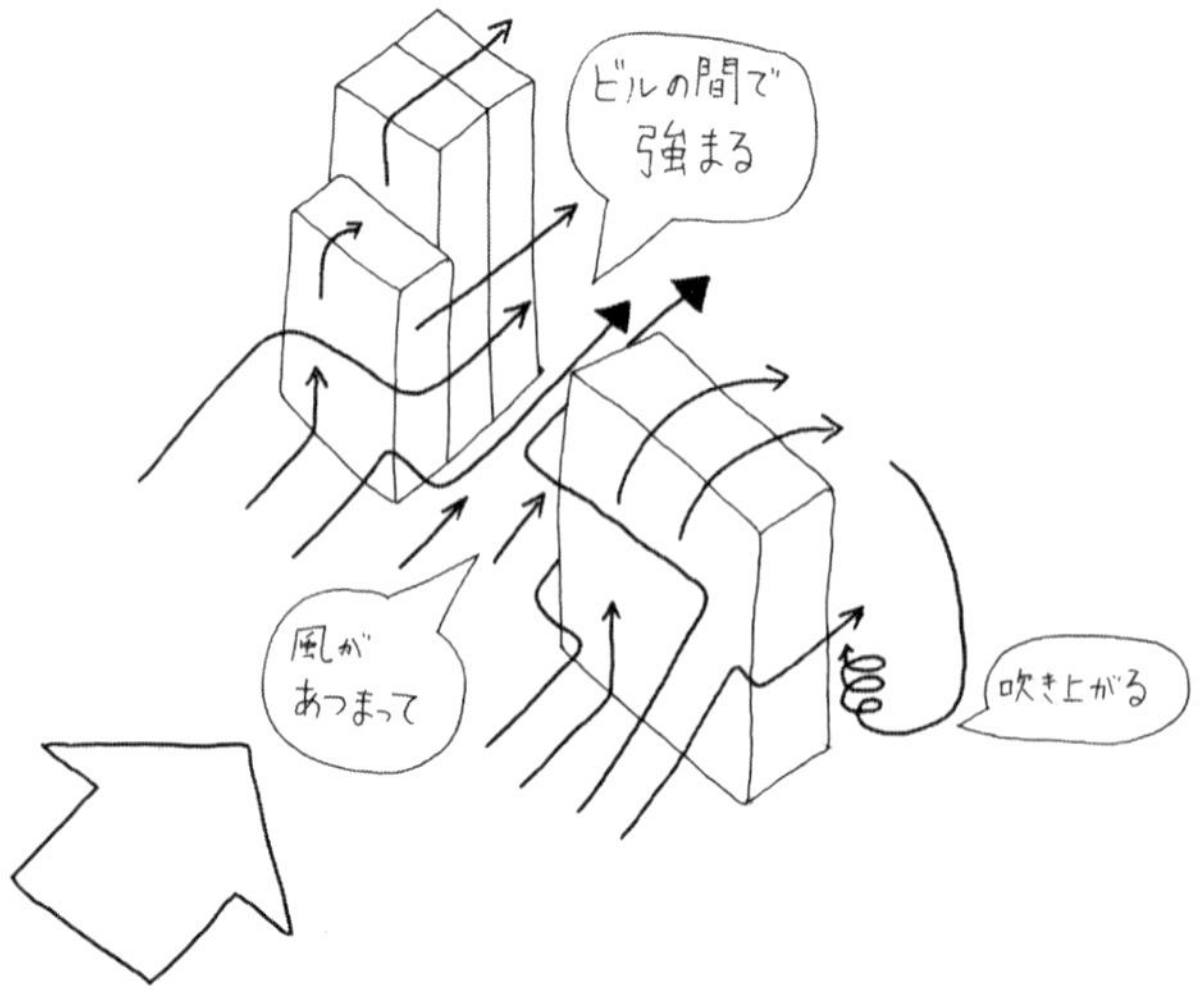

害に遭いました。

では、外出さえしなければ安全かというと、建物の中にいても油断できないことがあります。

この台風21号では、大阪市内の建物の7階の窓を突き破って飛んできたがれきが直撃し、中にいた人が命を落とすという事故がありました。

猛烈な風が吹いていたら、雨戸やシャッターを閉める、カーテンを閉めて窓から離れるといった飛来物対策をしましょう。これは竜巻の場合も同じです。

ちなみに、日本国内における最大瞬間風速の記録は、1966年の富士山での91メートル。次いで2位は、1966年の沖縄県宮古島での85・3メートル、3位が1961年の高知県室戸岬での84・5メートルとなります。

昔はとんでもない風が吹いたんだなと思いき

や、4位は2015年の沖縄県与那国島での81・1メートル。最近なんです。
僕が体感した風の約2倍……。想像を絶します……。

偏西風っていう言葉もよく聞くけど……

生活にまつわる風という話の流れで、テレビの天気予報でもよく聞く「偏西風」について解説しましょう。この風は、近年の異常気象に影響を及ぼしているかもしれません。

「偏西風」とは超ざっくり言うと、「日本の上空を西から東へと吹いている風」のこと。

発生する場所は緯度30〜60度の場所で、その理由は、赤道近くの気温が高いことと、地球が東向きに自転することが挙げられます。

次ページの図を見てください。

赤道付近の暖かい空気は軽いため、どんどん上空に持ちあげられます。それらが北へ流れていくと、地球が東向きに自転している影響を受けて、右方向に曲げられます。

また、北極付近の冷たく重たい空気は北緯60度付近まで運ばれると、そこから上空へと持ちあげられ、左方向へと曲げられます。その結果、地球は丸いので、ぐるっと一周、北緯30〜60度の間で、常に上空を西から東へと風が吹くことになるわけです。

北半球は陸地が多く、ヒマラヤ山脈など高い山々もありますよね。偏西風はこういった山

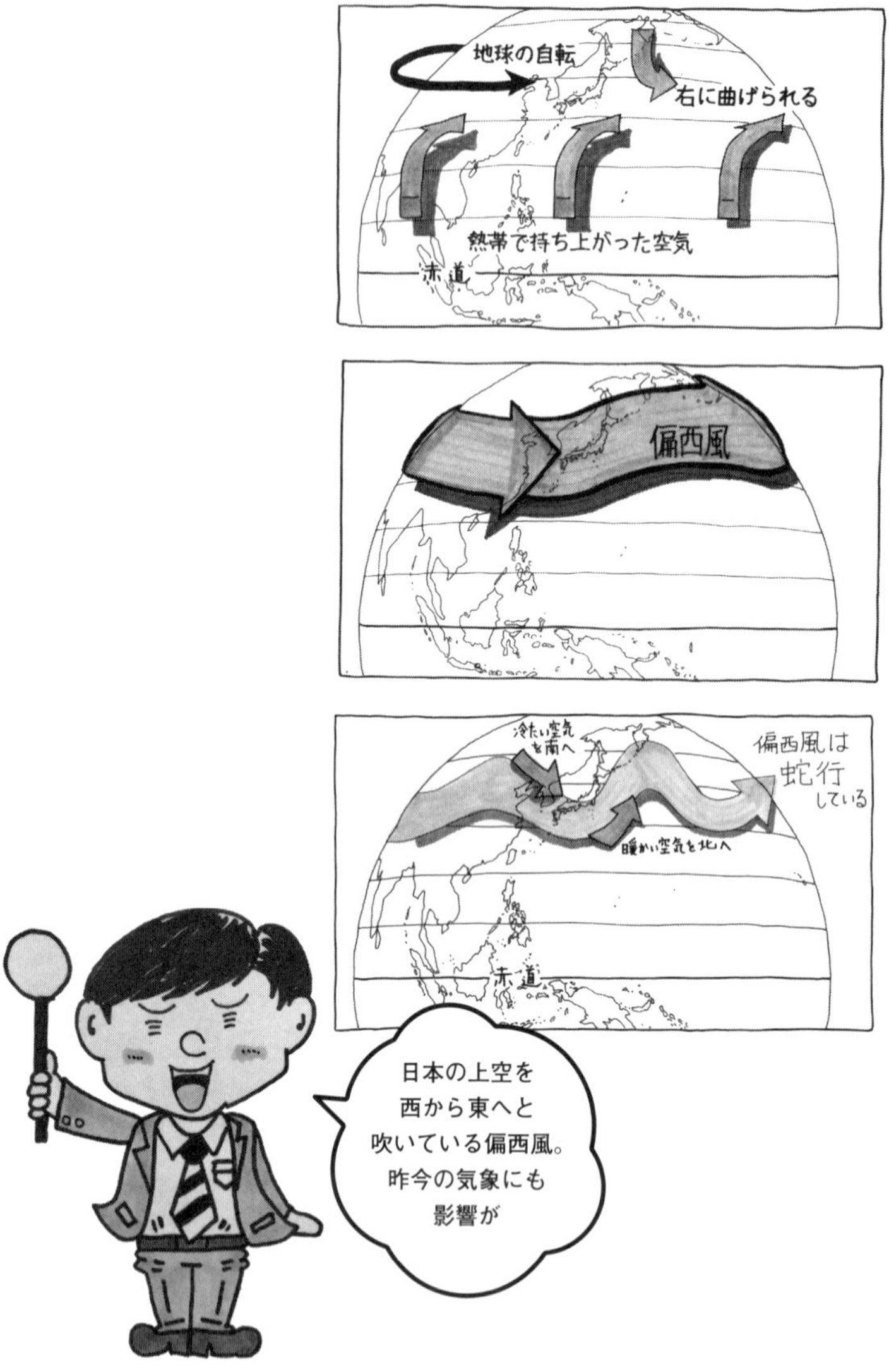
地球の自転
右に曲げられる
熱帯で持ち上がった空気
赤道
偏西風
冷たい空気を南へ
偏西風は蛇行している
暖かい空気を北へ
赤道
日本の上空を西から東へと吹いている偏西風。昨今の気象にも影響がにぶつかることで、南北に蛇行しながら吹いています。また、高気圧や低気圧が発達すると、偏西風の流れをブロックして蛇行を大きくします。

そして、夏は熱帯の温度の高い空気を北へ運び、冬は北極の温度の低い空気を南へ運ぶ役割があるんです。

上空に偏西風が吹いている北緯30～60度では、暖かい空気と冷たい空気がぶつかり合い、上昇したり下降したりを繰り返しながら、高気圧、低気圧が発生し、しかも西から東へと流されて天気の変化が激しくなります。夏と冬で季節の変化が特に大きいのもこのエリアというわけです。

近年、**偏西風の蛇行が大きくなってかたよった天候になることが多く**なっています。

地球温暖化の影響なのかはまだはっきりしていませんが、もしそうだとすると、この先、冬は北極の強い寒気がより日本やアメリカのある中緯度圏に流れ込みやすくなったり、夏は熱帯の暖かい空気が流れ込みやすくなったり、太平洋高気圧が発達しやすくなったりする可能性が考えられます。

つまり、**地球温暖化が進むと偏西風に影響して極端な天候になるおそれ**があるということなんです。実際に、日本ではここ数年記録的猛暑になったかと思えば、沖縄で観測史上初めて雪が降るなど、極端になっていますよね。

ただし、地球全体の気温が上がって、偏西風の蛇行が大きくなる仕組みは非常に複雑です。しかも、まだ専門家の間でも研究中の部分もあるので、地球温暖化と偏西風の関係に関しては、「毎日天気を伝えている気象キャスターの推測」も含んでいることをご了承ください。

飛行機は偏西風を利用している!

偏西風も、もちろん目には見えませんが、飛行機に乗っている時に、その存在を実感することができます。

偏西風という上空の風の中でも、高度10〜14キロメートルのあたりに特に強い「ジェット気流」という流れがあります。

北緯30度付近には「亜熱帯ジェット気流」が、北緯45度付近には「寒帯前線ジェット気流」があります。「寒帯前線ジェット気流」は冬場には時速360キロにもなる速さで空高い所を吹いています。

ジェットと名が付くだけあって、これらの気流に乗れると、飛行時間がだいぶ短縮されます。

例えば、成田からハワイのホノルルへ旅行に行く場合、行きは亜熱帯ジェット気流に乗るので、帰りよりも約1時間早く着けるんです。

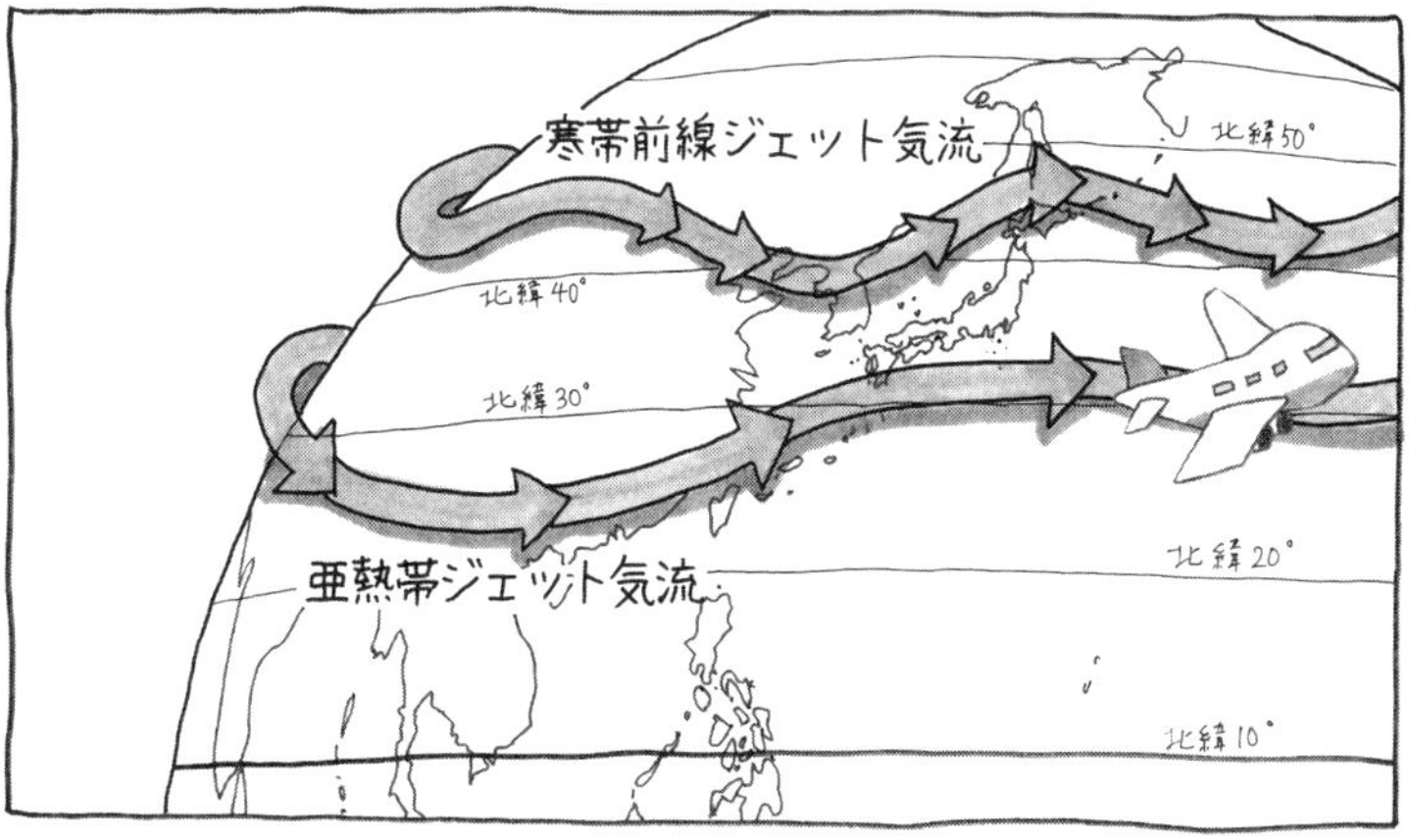

ヨーロッパ旅行の場合、行きは偏西風と逆の進路をたどるので、偏西風に乗って飛行時間が短くなるのは、日本へ帰る便ということです。

海外旅行に行く際には、ぜひ、そんなことも意識してみてください。

テレビに出てくる名のある風「春一番」

最後は「春一番」「木枯らし1号」という名前の付いた風についてお話ししましょう。

まず、「春一番」は、それぞれの地域にある気象台から発表されますが、全国すべての地域で発表しているかというと、実はそうではありません。東北や北海道での発表はないんです。

そして「春一番」には、次のような3つの条件が決められています。

1．立春（2月4日頃）から春分の日（3月21

日頃）までの間
2．日本海で低気圧が発達
3．その年初めての強い南風によって気温が前日より上昇
　この条件に当てはまらなければ「春一番なし」という年もあります。

「春一番」と聞くと、春の訪れを感じて穏やかな印象を持つかもしれませんが、実際には、注意を呼び掛けるための言葉なんです。

　1978年2月28日、東京で春一番が吹いた日に竜巻が発生し、地下鉄東西線の車両が橋の上を通過中に脱線・転覆したことがありました。また、雪の多い地域では、気温の急上昇により雪崩《なだれ》が発生しやすくなります。

　そのほかにも、**雷雨、突風など天気が荒れる、花粉が一斉飛散するXデー、次の日は吹き返しの北風で気温が急降下するなど、「冬と春の季節の変わり目に吹く最初の強い南風は、災害や体調に注意」**という意味が込められているんです。

　ちなみに、気象台からは「春一番」以降の発表はありません。あえて言うなら「春二番」は本州で桜が咲く頃に吹くので、桜の開花を呼ぶ風になります。

「春三番」は本州で桜が満開を過ぎた頃に吹きますので、桜の花びらを散らす風といえるでしょう。

「木枯らし1号」は限定的

「木枯らし1号」も、ニュースでよく耳にすると思います。

「春一番」と違う点は、「木枯らし1号」はさらに地域限定的。東京地方と近畿地方のみの発表となります。

決められている条件は、東京地方と近畿地方で微妙に異なっています。

・東京地方では、期間は10月半ばから11月末まで。天気図は西高東低の縦じま模様で冬型の気圧配置。西北西～北の風で風速8メートル以上としています。

・近畿地方では、期間が二十四節気の霜降《そうこう》（10月23日頃）から冬至（12月22日頃）まで。天気図は西高東低の冬型の気圧配置。北寄りの風で風速8メートル以上としています。

こちらも、期間中に吹かなければ「木枯らし1号なし」ということになります。

ここまでの説明で、気になることがありませんか？

春一番は「一番」なのに、なぜ木枯らしは「1号」なのかと。

それは、「木枯らし1号」は「春一番」よりも後にできた言葉だからです。

そもそも「春一番」は、古くから西日本や北陸の漁師の間で「春一」や「春一番」と呼ばれていました。それをもとに気象台が「春一番」と発表するようになりました。

その後、「春の訪れを告げる『春一番』はあるのに、冬の訪れを告げる風を表す言葉はないのか」とマスコミから気象庁に問い合わせがあり、定義を決めて発表するようになったという経緯があるのです。その際に「台風が発生する順番は1号2号……としているから、冬の最初の強い北風は『木枯らし1号』にしよう」となったそうです。

「木枯らし1号」が吹く時は晩秋に一番強い寒気が入るため、東京や大阪で発表があると、北日本で強い雪が降る目安ともなります。

やはり注意を呼び掛ける意味合いがあるんですね。

発表の裏側

ちょっとした裏話をすると、「春一番」も「木枯らし1号」も、マスコミが発表の背中を押しているようなところがあります。

きょうかあすにも発表があるのではないかと思われる気圧配置の時には、各テレビ局の気象担当者やキャスターが気象庁の天気相談所に電話をかけます。

「あす、『木枯らし1号』の発表を検討していますか?」みたいな感じで。

おそらくマニュアルで答えてはいけないと決まっているのか、あいまいにはぐらかされます。しかし、電話越しに伝わる微妙な空気感を察して、「これはいける!」と判断すると、夕方の天気予報で「あしたの強めの北風は、木枯らし1号の発表となるかもしれません」と発言します。

当日の午前中に風が強ければ、こちらからの問い合わせ方も変わってきて、「これ、もうこの後発表しますよね!? 撮影スタッフに町の様子を撮ってきてもらうか決めないといけないんです」みたいな聞き方になってきます。

これらの風の情報は防災情報でもありますが、やはり春と冬の訪れを報じられるのは、報道機関としてはかなり大きなこと。ひとつのニュースになります。

それがもし、他のテレビ局ではちゃんと町中の様子を捉えニュースとして伝えられているのに、自分のところだけないとなったら……。

と、こんな感じで、気象台が発表するか微妙な時にマスコミが背中を押しているんじゃないかと僕は勝手に思っていますが、もちろん、実際には各気象台で決められた定義に基づいて、きちんと検討したうえで発表していることを補足しておきますね。

とにかく! テレビ局にいる気象関係者は、「天気」を読むだけではなくて、「空気」も読まないと仕事にならんということなんです!

風にまつわるプチ話

劇場に吹く風

実は僕には、俳優としての出演作が何本かあるんです。

浦沢直樹さん原作の『20世紀少年』や、ダウンタウンの松本人志さんが監督をした『大日本人』にも出演させていただきました。

すごくないですか？　てか、僕が出ているの気づきました？

……まあ、無理だと思います。なにせヘルメットをかぶった役ですから。

舞台にも何度か出たことがあります。ほかの方の舞台も昔はよく観《み》に行っていました。

だから、気象予報士の勉強を始めて風の仕組みを知った時、「あの風もこういう仕組みで吹いていたのか」と、納得したんです。

みなさんは、「舞台風」という言葉をご存じでしょうか？

観劇の際、幕が開き物語が始まると同時に、舞台上から観客席に向かって冷たい風がドライアイスの煙とともに吹いて、観ている人を物語へいざないますよね。

これがいわゆる「舞台風」です。

舞台風が吹く仕組みは、自然界で風が吹く仕組みと同じなんです。

客席に人が入ると、熱気で気温が上がり、暖かい空気は軽いので上昇する。一方、本番が始まる前の静寂に包まれた舞台上には人がいないので、客席よりもひんやりしている。さらに、ドライアイスによる冷たく重たい空気が下に溜まっている。

こういった状況で幕が開くと、溜まっていた冷たい空気が、ドライアイスの煙とともに風となって、客席のほうへと流れていくのです。

今度、観劇に行かれた際は、ぜひ舞台風を感じてみてください。比較的小さい劇場ほど、感じやすいと思います。

第5章

虹がおしえてくれること

仕事がない！

２００９年10月。当時27歳の僕は焦っていました。

25歳で気象予報士になると決め、それから踏ん張ること1年半。1日10時間以上の勉強をし、ストレスで歯が抜けるというアクシデントも乗り越え、３度目の挑戦で晴れて気象予報士試験に合格。それはそれは嬉しかったのですが、喜びもつかの間、合格してから気づいたのです！

あれ？　仕事がない、と……。

気象予報士の試験は年に2回行われていて、合格率は4～5％。現在、合格者は1万人以上いますが、実際に資格を生かして気象の仕事に携わっている人は、おそらく3割ほどしかいません。

とにかく合格すればすぐ道が開けると思っていただけに、その事実を知って、どうにか自分を売り込まなくてはと考えました。

そこで僕がしたのは、テレビのお天気コーナーのマネ。

毎日、気象庁のサイトの天気図の画像をプリントアウトして画用紙に貼り、紙芝居のようにめくりながら天気の解説を練習したんです。さらに、三脚に携帯電話を固定し、その様子を撮影していました。

当時、付き合っていた妻にもデート中に手伝ってもらって、六本木だのお台場だの遊園地だの喫茶店だの、とにかくいろんな所で日々練習を重ねました。警備員さんに止められたり、公園で犬に吠えられたり、三脚が風で飛ばされたりしたこともありました。

そうやって撮りためた動画を気象関係者やテレビ局関係者に会う機会に見せて、自分のことをアピールしていったんです。

1本の電話と大きな虹

そして、忘れもしない2010年2月20日の昼過ぎ。六本木のけやき坂の下にあるスーパーマーケットで買い物をしている時に、1本の電話がかかってきました。

「『ウェザーニューズ』です。すぐには気象キャスターになれませんが、うちで放送局向けの原稿を書くアルバイトをしませんか?」

気象情報会社からの誘いに、間髪容れずに「はい! やります!」と答えました。隣でやりとりを聞いていた妻は、「今すぐにでもスーツを着て会いに行ってこい!」というようなしぐさをしていました。

電話が終わり、改めてスーパーマーケットの外で妻と顔を見合わせると、「ようやく一歩前に進んだね」と、ホッとしたような笑顔を浮かべていました。

そして、ふと空を見上げると、そこには大きな虹が青空にくっきりときれいにかかっていたんです。

妻は、「東京でもこんなきれいな虹が出るのね」と小さくつぶやきました。

僕はその言葉を聞いて、目の前の虹を見つめながら、自分の人生はここから大きく変わる、絶対にうまくいくと、どこか確信めいたものを感じたのです。

NO RAIN, NO RAINBOW

はい！　だいぶロマンチックに語ってしまいました。でも、なかなかドラマチックだったでしょう？

こんな風に、僕にとって「虹」は幸せの象徴であり、初心を思い出させてくれる特別なものです。

みなさんも、見上げた空に虹がかかっていたら、幸せな気分になったり、ポジティブな気持ちになったりするかと思います。これまでの頑張りを讃《たた》えてくれているかのように思ったりするかもしれません。

虹は、誰もがそんな気持ちになるからか、歌にもよく出てきますよね。

つらいことや嫌なことがあって流す涙は雨にたとえられ、その涙に後ろから希望の光が差すと心に虹が現れる、というような……。

1年を通してにわか雨が多いハワイには、「NO RAIN, NO RAINBOW」という言葉があります。「雨も捨てたもんじゃないよ」という意味です。これには、「嫌なことがあってもその後には素敵なことが待ってるさ」という別の意味も。

「いつまでも空は曇っていないから、うつむかないで！　空を見上げて虹を越えるような冒険の旅に出かけようよ！」と励ましてくれているような、素敵な言葉だと思います。

Over the Rainbow

「NO RAIN, NO RAINBOW」をタイトルにした歌もありますが、世界で一番有名な虹の歌といえば、やっぱり『Over the Rainbow』ではないでしょうか。

実はこの歌、もともとは1939年のミュージカル映画『オズの魔法使』の挿入歌だったんです。

映画は、主人公の少女・ドロシーが飼い犬のトトを抱いて、農場で働いている大人たちに忙しく話しかけてまわっているところから始まります。

大地主のおばさんにトトが誤ってかみついてしまった。保健所に連れていかれないようにするにはどうしたらいいかと、いろんな人に相談しているんですね。

そして、「心配事のないどこか遠くへ行ってみたいわ」という台詞の後に、『Over the Rainbow』を歌うのです。

「虹の向こうのどこかに子守歌で聞いたことのある不思議な世界があるの。空はいつも青空、願い事は何でも叶う。雲を見下ろすような場所で、心配事なんてレモンの雫となって落ちてくわ。青い鳥が虹のかなたに飛んでいくように私だって飛んでいけるわ」

自分が思い描く虹の向こうの世界を歌っているのですね。

僕も子供の頃、虹が出ていると、そこまで行って冒険をする空想をよくしていました。

昔の人も、虹を不思議に思っていたんでしょうね。神話には、虹を天と地を結ぶ道と考えるものや、虹の端には宝ものがあるなど、数多くの虹にまつわる物語が存在するんですよ。

いや〜、それにしても、虹って本当にロマンチックですね〜。えっ？　今回、専門的な説明を全然してくれないじゃないかって？

あっ、バレましたか。僕は正直に言うと、理科的な話よりも、空にまつわるロマンチックな話のほうが好きなんです。こういう話をしたくて、この仕事をしていると言っても過言ではありません。

だけど、そろそろ本気で怒られそうなので、理科的な話も少ししておきますね。

虹は世界共通？

ここでひとつ、質問です。

今、「虹を描いて」と言われたら、みなさんはペンを何色用意しますか？

おそらく、紫、藍《あい》、青、緑、黄、橙《だいだい》、赤の7色を用意するのではないでしょうか。

実はこの虹の色、国や文化によって見え方に違いがあるってご存じでしたか？

アメリカやイギリスは6色、ドイツは5色、アフリカでは3色が一般的といわれています。

では、日本の7色がどこからきているかというと、地球に引力があることを発見した物理学者アイザック・ニュートンの定義からです。彼は音階のドレミファソラシから7という数字を当てはめて、さらに7という数字が聖なる数字と考えられていたことから、「虹＝7色」としたそうです。

ロマンチックな想いを抱くのは世界共通なのに、見え方が全然違うとは面白いですね。

ただし、色の順番は世界共通です。

一般的に、内側は紫、真ん中あたりは緑、外側は赤がくることが多いです。

虹の種類

虹の形は実はいろんな種類があって、そのひとつに「二重虹《ふたえにじ》」というものがあります。

これは、虹の上にもう1本薄い虹ができること。はっきり見えるほうを「主虹《しゅにじ》」といい、紫色が一番内側で、赤色が一番外側になっています。その主虹の上にできるもう1本の薄い虹を「副虹《ふくにじ》」といって、こちらは主虹と色のグラデーションが逆になります。つまり、副虹は、紫色が一番外で、赤色が内にくることになります。

ほかにも、「白虹《しろにじ》」って聞いたことありますか?

これは空中に浮かんでいる水滴が特に小さい時、雨粒よりもっと小さい霧粒でできている時に見られます。ただ、白虹はめったに現れませんし、発生していても気づきにくいんですね。僕もまだ見たことがありません。

「水平虹《すいへいにじ》」。これを見たことがあるという人はいるかもしれません。アーチ状の虹みたいに空いっぱいには出ませんが、空の一部に虹色の帯が広がります。

一般的に大きく分けて2種類あって、初夏や秋に発生しやすい太陽の下に出る水平虹を「環水平《かんすいへい》アーク」といい、冬に発生しやすい太陽の上に出る水平虹を「環天頂《かんてんちょう》アーク」といいます。

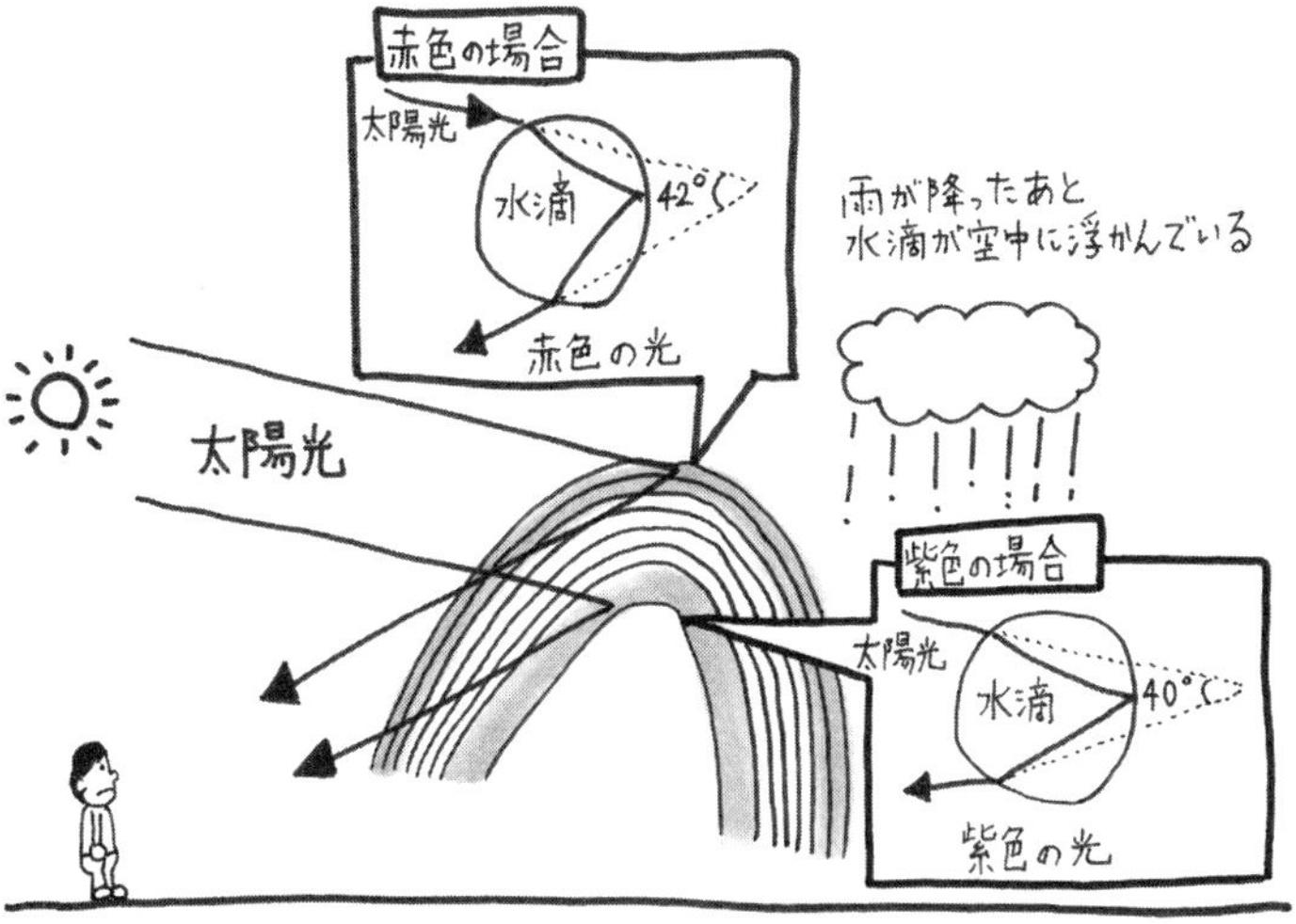

　また、「彩雲《さいうん》」という、雲に映る虹もあります。薄い雲にいろんな色が混ざったような虹色の不思議な雲です。昔の人は、「慶雲《けいうん》」や「瑞《ずい》雲《うん》」などと呼び、この雲が出ると吉兆だなんていっていました。

虹の仕組み

　最後に、肝心な虹ができる仕組みを説明します。

　これは簡単に言うと、**空に浮かんでいる水滴に太陽の光が当たって、スクリーン代わりになっている**のです。

　さまざまな光が混ざりあっている太陽の光。

　地球に届いた太陽の光は上空に浮かぶ水滴に当たるとほんの少し折れ曲がり、水滴の中で光を反射させながら外へと出ます。

つまり、虹がいろんな色に分かれて見えるのは、空気中の水滴と太陽の光の当たり具合の違いによるというわけです。

今度虹を見つけたら、手でこぶしを作って水平に伸ばしてみてください。こぶし３つ分上のあたりに虹が出ていると思います。この角度はだいたい40〜42度で、この時に空中の水滴に太陽の光が当たることで、赤や青、緑といった色に分光するのです。

虹の見つけ方

みなさんは、年に何回虹を見ますか？　おそらく数年に1回くらいではないでしょうか。もし、年に1回でも見ていたら、頻度が高いほうだと思います。

では、ここで虹に出会うためのコツを教えます！

もし、雨が降った後に急に晴れてきた時は空を見まわしてみてください。特に夏は急な雨が多い季節。

雨上がりに**太陽を背にして反対側の空をチェック**してみましょう。空に浮かんでいる水滴に太陽の光が当たって、スクリーン代わりになって虹が出ているかもしれません。

僕もこの仕組みを知る前は、数年に一度くらいの頻度でしか出会えていませんでしたが、今は1年に5回くらい見ているかと思います。

また、晴れた日に、ホースの先をギュッとつまんで水滴を細かくしてまけば、立ち位置の角度によって虹が見られます。

……そう言ってはみたものの、ちょっとこれは夢のない話ですかね。

虹の仕組みを知るための自由研究などにはおすすめですが、やはり虹は、空に大きくかかったものを自分の目で見てなんぼだと思います！　インターネット上にもたくさんきれいな虹の写真がありますが、偶然の出会いのほうが感動の度合いが全然違いますから。

写真ではなく、心に刻もう

僕は、気象キャスターになってからいろんな虹を見てきましたが、いまだに妻と一緒に見た、東京の虹を超えるものには出会っていません。

振り返ると、あの時、人生がうまくいくかもという予感とともに、努力が報われたような気がしたんですね。

それまでの僕は、なにをやっても中途半端で、人になにか伝える仕事をしたいと思ってもなにができるのかわからず、悔しい想いもたくさんしてきました。それを一番そばで見て、時に厳し〜いダメ出しをしながらも、支えてくれたのは妻でした。

だからあの時、僕がこれまで流した涙に妻が後ろから太陽の光を当てて、虹を作ってくれたような感じがしたんです。

今回、あの時の虹を写真に撮ったかな？　と思って探してみましたが、残念ながらありませんでした。でも、本当に心動かされる一瞬の景色に出会った時は心に刻まれるので、撮る必要などないのかなと思いました。

え？　話がきれいすぎて思い出補正してる？　まあ、多少はあるかもしれませんね……。

虹にまつわるプチ話

天気予報は当たる!?

現在、天気予報の精度はどれくらいだと思いますか?

次の日に雨が降ったか降らないかの正答率でいうと……86点くらいです。

学校のテストならこれくらいの点数をとっておけば、とりあえず怒られはしないですよね。虹を見る確率よりもグンと高い。しかし! 天気予報ではそうはいかないんです。

86点というと高い点数のように思えますが、これを確率で考えると、週に1日は外していることになります。週1で外した日が休日で、それが2週連続ともなれば、「天気予報全然当たらないじゃねーか!」となりますよね……。

観測技術とスーパーコンピューターの発達により、昔よりはだいぶ精度は上がったんです。

ちなみに、一番最初の天気予報が発表されたのは1884年6月1日。

その時の天気予報は、「全国一般風ノ向キハ定リナシ天気ハ変リ易シ但シ雨天勝チ」。

これが東京の派出所等に貼られました。

意味は「全国いろんな方向から風が吹くでしょう。天気は変わりやすく、雨の降りやすい天気でもあります」。

なんてざっくり!!

天気予報が始まったばかりの頃は、天気予報＝当たらないものと思われていました。例えば、腐りかけの食べ物を食べる時に「測候所、測候所、測候所」と3回唱えれば「食あたり」しないなんて言われていたんです。

気象業界に伝わるこんな小話もあります。今から100年以上前の、日清戦争が終わり日露戦争へと突入する時期のこと。

東京は溜池葵町（現港区虎ノ門）にある気象台の前で、手を合わせている1人の兵隊さんがいました。

そこへ気象台の職員が通りかかり、兵隊さんに尋ねました。

「おや、兵隊さん。ご苦労様です。気象台の前で手を合わせてなにをしているのですか？」

すると、兵隊さんがこう答えます。

「これから戦地に行くことになりましたので、失礼ながら気象台の前で願掛けをしておるのです。弾《たま》に当たらずに無事に生きて帰ってこられるよう」

気象台の職員は「なるほど……」と情けない気持ちになりながらも、あわててこう言ったそうです。

「あっ、それでしたら気象台の前で願掛けするのは逆効果ではないでしょうか！天気予報はたまに当たります！」

……おあとがよろしいようで。

日本人の多くがかかる、あの季節病

次は特定の季節がくると症状が出てしまう「季節病」についてです。「季節病」の代表的なものは、「花粉症」です。今や、日本人の3人に1人がかかり、最近では発症の低年齢化も指摘されています。

なぜ、現代人はこれほど花粉症になってしまうのでしょうか。昔の人より免疫力が落ちているから……？

それも理由のひとつではあるようですが、単純に、昔よりも花粉の飛散量が多くなっていることが挙げられます。

戦後、復興する際には木材が必要で、1950年代に国の政策により、スギを人工的に多く植樹しました。その時に植えた木々が30年後に成木となり、花粉を作る量がピークを迎え、現在はこの成木たちが大量に花粉を飛ばしているというわけです。また、植樹したはいいものの山間部の過疎化で山を手入れする人が少なくなり、不必要に木が多く育ってしまっていること、いわゆる放置林も花粉の飛散量が増えている原因のひとつです。

こう言われると、だったら切れる場所は全部切ってしまえばいいのでは……と思うかもしれませんが、山の管理というのは難しく、急にはげ山にしてしまうと水害や山地崩壊などの原因にもなりかねません。

最近では、品種改良で開発された「無花粉スギ」という花粉を飛ばさないスギが注目されており、植え替えの促進も対策として挙げられています。僕としては「早急にお願いします！」と言いたいところですが、日本全国でスギの木は何千万本あるのでしょうか。植え替えるのには相当時間がかかりそうです……。

ちなみに、地域によって飛散時期に多少のズレはありますが、2月頃から飛散するのがスギ花粉で、その後4月頃から飛び始めるのがヒノキ花粉です。

スギの人工林は全国的にあり、その木材はさまざまな用途で使われてきました。

一方、ヒノキは東海地方から西日本に多くあり、古くから宮殿などの建物に使う高級木材とされていて、1000年以上前のお寺や神社にも使われています。

一般的な花粉症といえば、スギ花粉によるものですが、ヒノキのほうがスギよりも花粉症の症状がひどく出る方もいますよね。……はい、それ僕です。高級なもののほうが体に合わないんですかね。

花粉の飛散量

ここからは、ちょっと花粉のことを掘り下げて、知って得する花粉対策の話です。

花粉の飛散量は表年裏年を繰り返しています。

表年は花粉が多く飛ぶ年、裏年は少ない年と交互になっています。ここに、前年の暑さ・日照時間・降水量が関係し、前の年に猛暑で雨が多ければ花粉の芽がたくさんできてしまい、次の年の春に大量飛散するというわけです。

そして、1日のうちでも特に大量に飛ぶ時間帯があります。

ピークは1日2回、昼前と日没直後にやってきます。

朝、太陽が出てきて気温が上がり始めると花粉は飛び始めます。山のほうから飛んでくるのに時間がかかるので、町で飛散量が急に増えるのは昼前からになります。そして日が沈み、気温が急に下がってくると、上空に巻き上げられていた花粉が降ってくるので、このタイミングでも飛散量が増えるというわけです。

さらに、雨が降った翌日、晴れて気温が上がると爆発的に花粉が増えるというデータもあります。雨で地面に落ちていた花粉が町中で人が行動することにより巻き上げられ、さらに水分補給したスギの木が暖かい日差しを受けて、大量に花粉を飛ばすからです。

雨の日も要注意!?

昔は、雨が降る日は花粉が飛ばなくてラクだなんていわれていましたが、最近の研究によればそうでもないようです。雨の日のほうがむしろ症状がひどくなる人もけっこういます。

耳鼻科の先生いわく、**空気中の花粉は雨で勢いよく落とされると小さく割れて、その破片が雨の日でも舞っている**そうです。また、雨の影響により自律神経が乱れることで、より症状がひどく出てしまうということもあるんだとか。

地域ごとに違いがある!?

以前、『ウェークアップ!ぷらす』で司会を務める辛坊治郎さんに、こんなことを聞かれました。

「近畿にいた時は花粉症の症状が落ち着いていたのに、東京に着いたとたん、症状がひどくなった。その土地の花粉が体に合わないなんてことはあるのか?」と。

当初、スギという種類は同じだから、地域によって飛散量が違うだけじゃないのかと思っていたのですが、調べてみたら実はそうではなかったんです!

同じスギ花粉でも木によってタンパク質の種類に微妙な違いがあるみたいで、この場所のスギは合わないなんてこともあるそうです。

いずれの理由にせよ、症状が本当に深刻で生活に支障が出るほどの人もいますよね。

そういった人の中には、花粉が飛ぶ時期だけは、花粉が飛ばない沖縄県や長崎県の島などに移住するという人もいるようです。春先は、旅行会社も避暑地ならぬ「避粉地ツアー」なんて企画もしたりしていますよ。

花粉対策は3つの「ない」！

とはいっても、花粉がたくさん飛ぶ中で仕事に行き、学校に行かなければならない人がほとんどですよね。

そこで、花粉対策の基本を示す標語を紹介します。

それは、**「吸わない！　付けない！　持ち込まない！」**。

まず、「吸わない」対策として、マスク以外の手軽な方法に、ワセリンを鼻の穴の周りや目の周りに塗るという方法があります。花粉がワセリンについて、体の中に侵入するのを防いでくれるんです。

僕も外に出る時間が長くなりそうな時はやっています。大抵の薬局で安く売っているので手に入れやすいですよ。外での取材や中継が多いテレビスタッフにも「これで症状がラクになった」という人が何人かいるので、結構おすすめです。

次は、衣服などに「付けない」という対策。2月、3月の春先はまだ冬服を着ているという人もいると思いますが、ウール素材は綿素材に比べて花粉の付着率が約10倍も高いというデータがあります。ウールのコートやセーターよりも、スベスベしていて花粉が付きにくいトレンチコートやトレーナーのほうがおすすめです。最近では、洗剤や柔軟剤に花粉の付着を抑えるものもあるので、そういったものも活用するといいでしょう。

また、髪の毛にワックスやスプレーを付けていると、花粉の付着率が高くなりますので、ちゃんとその日のうちに洗い流すか、帽子を被るなどの対策を。

最後に、外で付いた花粉を家の中に「持ち込まない」ことについて。

家に入る前に服を手で払ったり、洗濯物をベランダから取り込む時に軽く払ったりすることで花粉を落とすことができます。

一番アウトなのが、外から帰ってきて入浴せずにそのまま寝てしまうこと。髪の毛や体についた花粉をそのまま枕や布団に持ち込んでしまうと、寝ているうちに症状がひどくなることもあります。

春先の3月は特に飲み会などの多い時期だと思いますが、疲れて帰宅して「面倒だから朝お風呂に入ればいいや……」は危険ですよ。

花粉症皮膚炎に要注意！

花粉が付着するとアレルギー反応が起こり、顔に赤みやかゆみが出ることが……。特に目の周りの皮膚は薄いので赤くなりやすく、ひどくなると色素沈着を起こしてしばらく目のくまみたいに残ることもありますので要注意です。

外出先では眼鏡・マスクを着用し、帰宅したらなるべく顔を水洗いして花粉を洗い流しましょう。また、春は空気が乾燥しやすくお肌のバリア機能が低下しがちなので、化粧水や乳液でしっかり保湿することも大切です。

夜、寝ている間に無意識で顔をこすってしまっている場合は、早めにお医者さんに相談して、夜寝る前に飲む花粉症の薬や、塗り薬を処方してもらいましょう。

第6章

雪がおしえてくれること

雪との付き合い方

雪といえば、ロマンチックな歌が多いですよね。山下達郎さんの『クリスマス・イブ』の「雨は夜更け過ぎに〜♪　雪へと変わるだろう♪」のワンフレーズを聞くだけで、頭の中に牧瀬里穂さんのJR東海のCMが思い浮かんだなら……あなたは昭和生まれですね（ニヤッ）。

フォークソングでも素敵な雪の歌、多いですよね。

僕みたいな大学進学で田舎から東京へ出てきて、仕事のためまた故郷へと帰った人間にとっては、イルカさんの『なごり雪』なんてグッとくるのではないでしょうか。ちなみに僕のカラオケの十八番《おはこ》は、中島美嘉さんの『雪の華』です。僕の娘は『アナと雪の女王』が好きです。

こう考えると、僕は雪国育ちではないのですが、雪に関しては歌を通じて馴染みが深いかもしれないです。

僕は、生まれてから高校生までずっと兵庫県の明石市で育ちましたが、大学進学で東京へと行きました。

東京に出てからの生活で一番苦労したこと。

それは、雪なんです！

いまだに、雪の降る中、バイトに向かう途中で自転車で転んだあの痛み……覚えています。住んでいた早稲田大学の近くは、坂が多かったんですね。注意深くすり足で下りても（柔道部仕込み！）たまに転ぶことがありました。都心のコンビニは入り口の前がタイルのようになっているところが結構あって、そこでもよくすっ転びました。

そして授業、バイト、バンド活動に明け暮れて、常に金欠状態。大学生活といえば、サークルメンバーでスノーボードやスキーといったイメージですが、そんな青春めいた雪の思い出はありません。

降雪の地域差が極端な日本列島

なぜそこまで雪に苦労したかというと、生まれ育った兵庫県明石市では、雪はたま〜に降るくらいのものだったんです。だから、雪だるまを作ったのも記憶の中で一度だけ。それくらい馴染みのないものでした。

ただ、同じ兵庫県でも、母親の実家のある豊岡市は日本海側だったので、お正月に行った際に1メートル以上の雪が積もっていた年もありました。

日本は国土が狭いのに、トンネルを抜けると一気に雪国というように、降る場所と降らない場所の差が非常に極端です。

兵庫県を例にとると、日本海側に位置する豊岡市の1年間に降る雪の量は、312センチ。多く降る時で1日に35センチです。一方、瀬戸内海側に位置する神戸市では、1年間で降る雪の量は、たったの2センチです。

北海道の札幌まで行くと、年降雪量は597センチで、日最大降雪量は37センチです。東京は平年値だと、年降雪量は11センチ、日最大降雪量は5センチ。日本海側に比べるとかなり少ないのですが、都心は雪が5センチ積もると電車が止まり、交通機関が大混乱します。

太平洋側では、雪はたまにしか降らないので、基本的に町が雪に対応していないんです。雪の多い市町村では、道路に融雪設備が敷かれていたり、除雪機が常にスタンバイしていますので、多少の雪では影響がありません。それでも、半日で30〜40センチ降るような時は、さすがに雪国でも影響が出始めます。

日本は、雪国とそうでない地域で降雪量の差が極端という話をしましたが、実は**日本の雪国は、世界でも有数の豪雪地帯**なんです。

人が住んでいる都市でここまで雪が降るのは世界でも珍しいことです。1927年の滋賀県伊吹山での11メートル82センチという積雪の観測記録は、ギネスブックにも認定されています。

なぜ日本は、これほど雪が多いのか？　理由は島国という地理的な特徴にあります。シベ

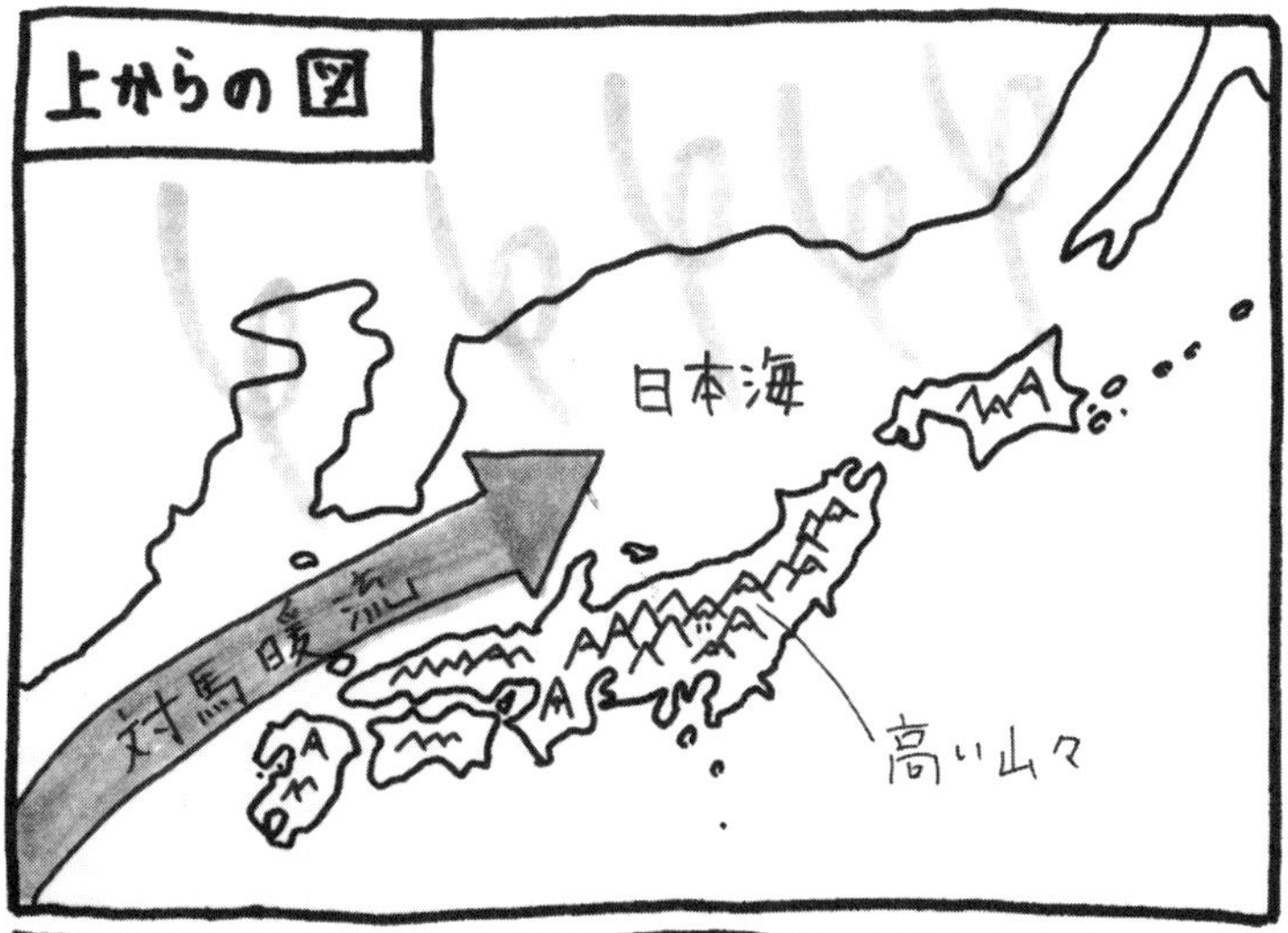
上からの図
日本海
対馬暖流
高い山々

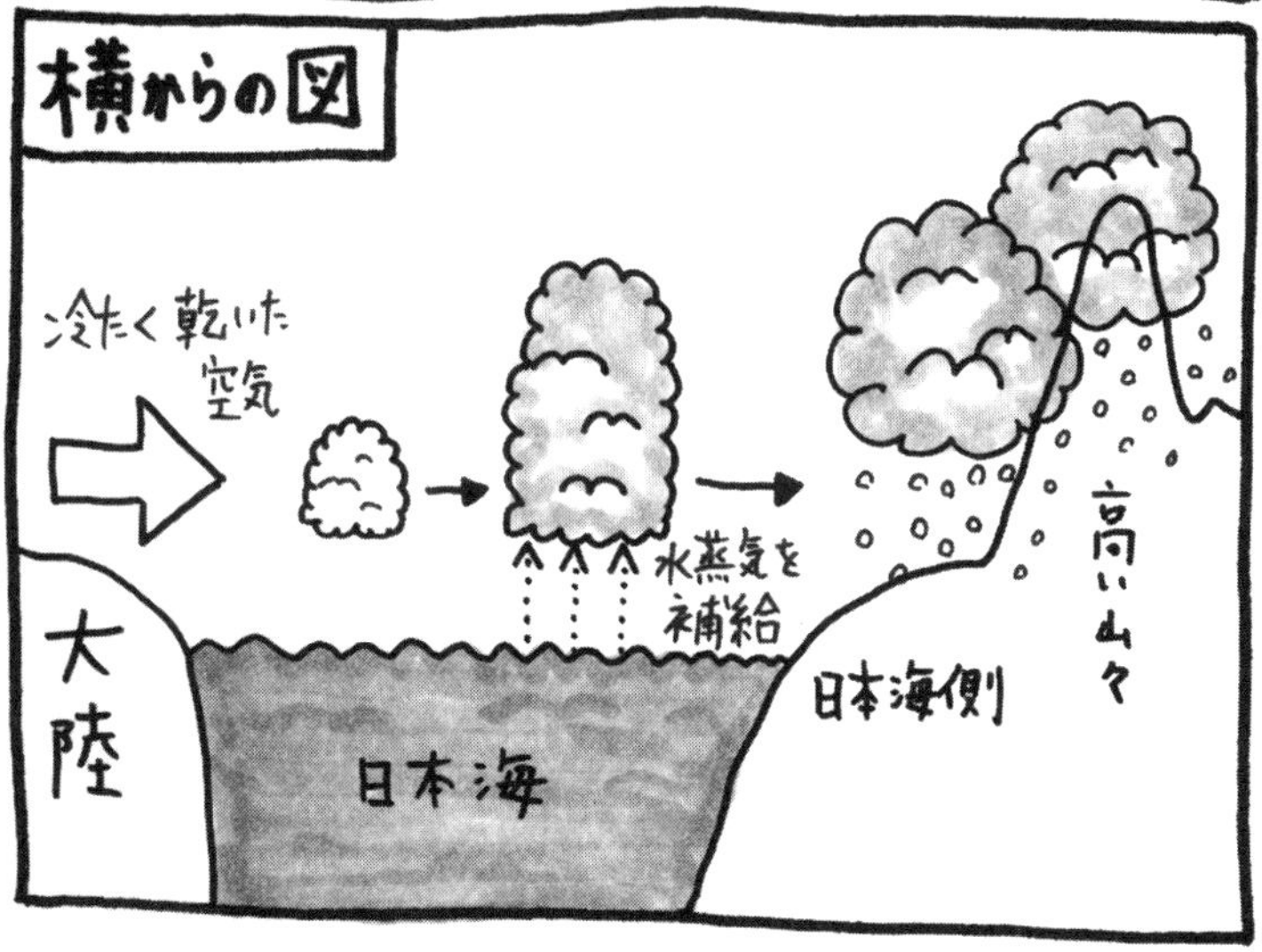
横からの図
冷たく乾いた
空気
水蒸気を
補給
大陸
日本海
日本海側
高い山々

リア大陸からの寒気が、対馬暖流の流れる日本海で水蒸気を大量補給し、日本の真ん中を走る2000〜3000メートル級の山々や平野で大雪を降らせます。

この雪が降るからこそ、日本は水資源が豊かで、お米をはじめさまざまな美味《おい》しい食べ物を作ることができます。しかし一方で、雪による災害も多く発生しています。

事故を引き起こしやすい4つのパターン

毎年、**雪で亡くなる方は、100人前後**います。これは大きな災害のひとつです。

雪の災害の特徴は、大雨災害と違い、自然の力によって直接命を落とすというよりは、降った雪をなんとかしようとしている時に命を落とすことが多いことです。

雪がやみ天気が回復したとしても、積雪が残っている限り、災害が長引くおそれがあるのです。

ここからは、4つに分けて、雪の災害とその対策を解説していきますね。テレビでお伝えしていることもあれば、より突っ込んだ内容のものもあります。ぜひ、対策を改めて知っていただき、生活に生かしてもらえればと思います。

①除雪作業中の事故

まず、雪の災害で断トツに多いのは、「除雪作業中」の事故です。

普段、雪が降らない地域の人は雪の事故のニュースを見ると、もしかしたらこう考えたりするかもしれません。

「雪国で長く暮らして雪に慣れているはずの人が、なぜ除雪作業中に事故に遭うのだろうか」と……。

それは、**事故に遭う方の９割が、65歳以上の高齢者**ということからわかるかと思います。

そして、除雪作業中の事故死の１割は心臓発作が原因だったりもします。

雪下ろしの作業をしたことがあればわかると思いますが、スコップで数十キロの雪のかたまりを何度も運んで捨てる作業は、若い人でも相当体力がいります。

しかし雪国では、高齢化と人口減少により、高齢の方が無理をしてでも雪下ろしや片付けをしなければなりません。

屋根に積もった雪を放っておくと、雪の重みで建物が倒壊したり、落雪により他人を事故に巻き込んだりするおそれがあります。なので、どんなにしんどくても雪下ろしはしなければならないのです。

最近では、雪国の過疎化によって空き家が増えていて、周辺の家や人に被害が及んでしまう事態が発生しています。基本的に、所有者以外は勝手に他人の建物に立ち入ることはできませんが、自治体に問い合わせをすれば市町村長の判断で雪下ろしを行うことが可能になっています。

言い換えれば、雪国の人は自分の家だけでなく、場合によっては隣の空き家の分も雪下ろしをしているということです。雪が多い地域の自治体は、当然住民の負担が軽くなるようにいろいろと対策はしていますが、それでも手が足りないのが現状です。

そこで、ぜひ、みなさんにも知ってもらいたいのが、「雪かきボランティア」。

要は、雪の多い過疎地域に行き、雪下ろしのやり方や注意点を教えてもらって、実際に行うというものです。

過去に僕も、滋賀県の豪雪地帯で参加したことがあります。

これはいい運動になりましたし、なによりも地域の人に感謝されました。ご当地のお食事をいただいたりもしましたよ。

個人的には、冬休み中の大学生が積極的にこのボランティアに参加してくれたらいいのにな、と思います（スキーやスノボもいいけどね！）。

以下は、除雪作業における注意点です。

高所での除雪作業

・なるべく1人でやらず複数で行う
・首から携帯電話をぶら下げておく
・屋根での作業は命綱やヘルメットの着用を
・新雪や晴れの日は雪のゆるみに気を付ける
・はしごは必ず固定する
・万が一、屋根から落ちた時のために建物の周りに雪を残して作業をする

地面の除雪作業

・体調が悪い時は無理をしない
・水路への雪捨ての際、滑らないように気を付ける
・除雪機を扱う際はしっかりと周りを見て、雪詰まりの処理はエンジンを切ってから行う
・軒下での除雪作業は屋根からの落雪にも注意する

②雪崩《なだれ》の事故

次は、雪崩の話です。

雪崩は映像で見るより、実際はもっと速いんです。発生すると、時速２００キロにも達することがあり、基本的に逃げるのは困難です。

山の上で積雪面が崩れるのが見えた時は、もしできるのであれば、雪の流れに対して左右のどちらかの方向に逃げてください。

万が一、雪の流れの中に巻き込まれそうになったら、体を伏せてはいけません。浮上するように泳ぐ動作をしたり、雪に埋まってもあきらめず、顔に手をやり、鼻や口にスペースを作って呼吸を確保するなどしてください。

ちなみに雪崩は、「表層なだれ」と「全層なだれ」の2種類があります。

「表層なだれ」は古い積雪面に新たに雪が積もることで、滑り面ができて発生します。主な発生時期は気温が低い12月〜2月。1日の降雪量が多い時は特に要注意です。

「全層なだれ」は、斜面にある固くて重たい雪が地表面（土）の上を流れるように落ちます。主な発生時期は春先の融雪期で、気温が上昇する日は特に要注意です。

ウィンタースポーツに行く時、雪がたくさん降った後は雪がきれいで滑りごたえがありますが、表層なだれが起きやすいです。また、春スキーの場合は、気温が上がり「寒くないしスキーもできて最高！」なんて思いますが、全層なだれに注意が必要です。

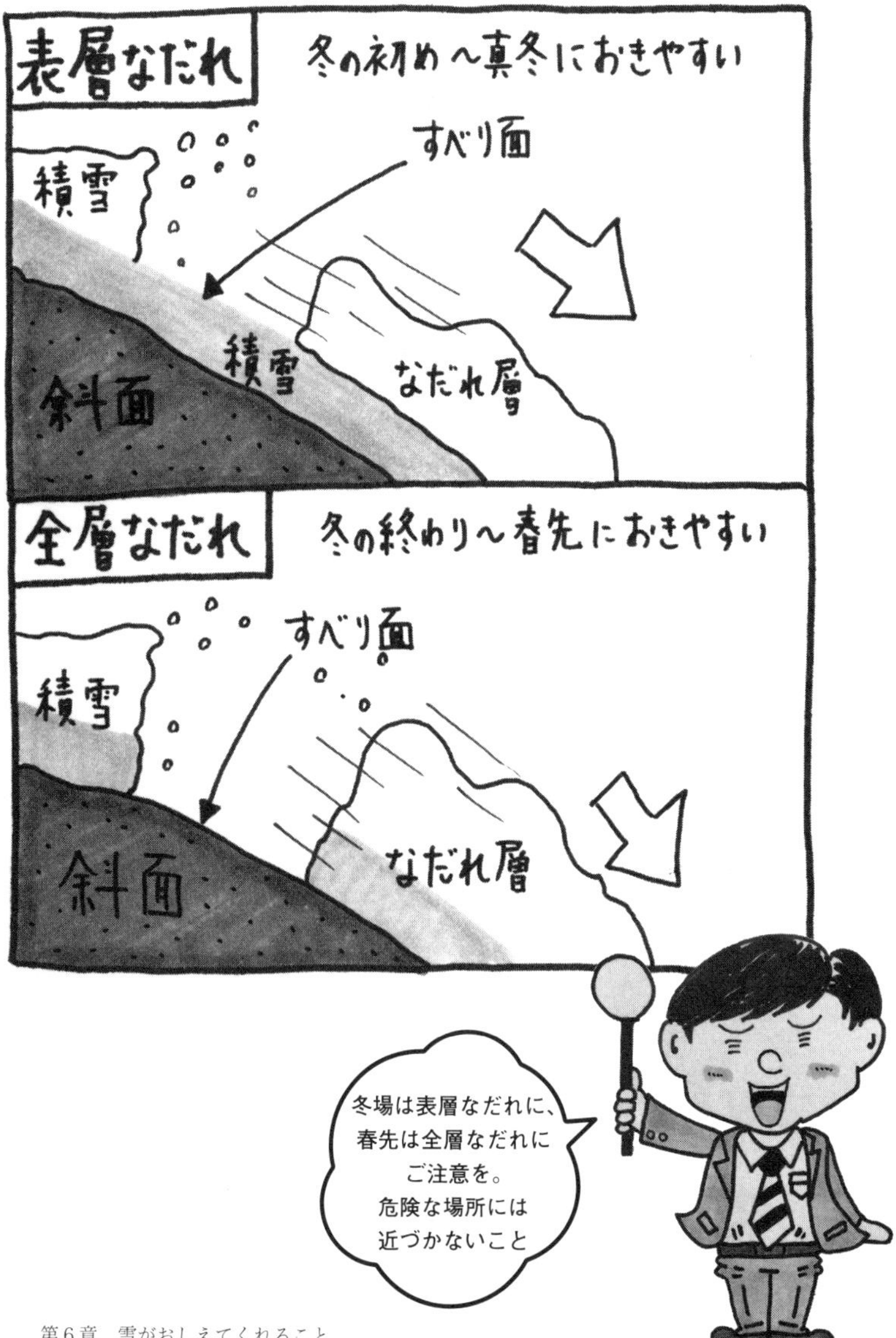
表層なだれ
冬の初め～真冬におきやすい
すべり面
積雪
積雪
斜面
なだれ層
全層なだれ
冬の終わり～春先におきやすい
すべり面
積雪
斜面
なだれ層
冬場は表層なだれに、
春先は全層なだれに
ご注意を。
危険な場所には
近づかないこと

雪を楽しむ大前提として、雪崩に遭わないために危険な場所には近づかないようにしましょう。

雪山に遊びに行く際には、天気予報で「なだれ注意報」を確認する。それから、スキー場で立ち入り禁止区域には立ち入らない。これは当たり前のことですが、意外とみなさん夢中になって滑ってしまうのか、立ち入り禁止区域での事故が多いんです。立ち入り禁止の理由としては、過去に雪崩が起きた場所はまた起きやすいという地形の問題がありますから、どうか立ち入らないように。

もし、斜面をころころスノーボールが落ちてくるようであれば、それも雪崩の前兆なので気をつけてください。また、雪庇《せっぴ》がある所（山の尾根から雪が張り出している所）はかたまりとなって斜面に落ちるおそれがあるので、近づかないようにしましょう。斜面にひび割れ（クラック）や雪しわがある所も避けてください。雪のかたまり同士の結合が緩《ゆる》くなっていて、いつ崩れてもおかしくありません。

③雪中での運転中の事故

３つ目の注意点は、雪の時の車の運転です。

まず、雪がなくても、冬になり気温が低くなると、道路が凍結しやすくなる場所があります。

例えば橋の上。川から水蒸気が補給され、また、風通しがいいので冷えやすく凍りやすいのです。トンネルの出入り口も日陰となり、局所的に凍結することがあります。

また、雪が降って踏み固められた状態を「圧雪《あっせつ》」といい、非常に滑りやすくなっています。

みなさんは、「ブラックアイスバーン」という言葉を聞いたことがありますか？

これは、ドライバーからはただの濡れた道路に見えるのですが、実は氷に覆われていて非常に危険な箇所です。

くれぐれも真冬はスピードを出しすぎず、車間距離を十分にとりましょう。そして、雪の多い場所で車を運転する時には、必ず冬用タイヤやチェーンの装着を。これは、自分のためだけではなく、社会全体のためでもあります。

僕も、大学2年の春休みに山形県の自動車教習所に行き合宿で免許を取りましたが、そこでも口酸っぱく、この言葉を言われました。

併せて、極端な大雪が予想されているような時は、できるだけ運転を控えることが大切です。

1日の降雪量が多い時には除雪が間に合わなかったり、1台の車の事故により後続車がすべて立ち往生してしまったりすることもあります。

実際、2018年2月には福井県福井市付近で局地的に豪雪となり、3日間の降雪量が100センチ以上、最深積雪は147センチに達し、平年の積雪量の6倍という37年ぶりの大雪となりました。集中豪雪となった福井県や石川県では、最大約1500台の車が立ち往生する事態に。

雪国ほど車社会であったりするのですが、1500台の車が立ち往生とは、とんでもないことです。

もし、万が一、車が立ち往生してしまった時はどうすればいいか。

この際、一番危険なのは一酸化炭素中毒です。

マフラーが雪に埋もれ、車内に排気ガスが逆流することがあります。なにが怖いって、匂いもしないし、色もありません。気づかずに意識を失ってしまっている、となるわけです。

この対策は、こまめにマフラー周りの除雪をすること。そして立ち往生中、外は寒いですが、窓を少し開けて換気をしておくのも対策のひとつです。

また、車の移動は、外に長時間出ないので薄着になりがちです。冬に雪の多い地域で運転する場合は、車内に非常時用の上着とスコップ、水のいらない簡易トイレセットを入れておくといいでしょう。

④都市部の雪の事故

最後に、普段、雪があまり降らない地域での注意点です。

太平洋側の都心部、東京、名古屋、大阪などはたまにしか雪が積もらないので、ひとたび数センチでも雪が積もれば、交通機関は大混乱となり、転んでケガをする人が相次ぎます。日本海側の人は、「なぜたった数センチで大きなニュースになるんだ！」とテレビを見て不思議に思うかもしれません。それは、太平洋側の都市は圧倒的に人の移動が多く、電車が1路線止まるだけでも、数十万人に影響が出るからです。

先ほども書きましたが、町が雪に対応した設計になっていません。日本海側の町のように道路にスプリンクラーなどが整備されておらず、冬用タイヤを装着していない車もたくさん移動します。

町を歩くにあたり、都心の滑りやすいところを整理しておきました。

次の場所は、特に気をつけてください。

・タイル敷きの歩道
・地下鉄の出入り口

・バス停の乗り場
・歩道橋の階段
・横断歩道の白線

バス停の乗り場は人の乗り降りで雪が踏み固められるので凍りやすいんですね。歩道橋の階段は凍結しやすく、角に金属がついている所があって、それが滑りやすくなっています。横断歩道の白線は、一見乾いているようでも、薄い氷の膜が張りやすいので要注意。

歩き方のポイントとしては、**靴の裏全体を地面に付けるように、体の重心をやや前にして小さな歩幅を心掛ける**こと。転ぶ時って、前に倒れるより、後ろに重心があって、お尻からすってん、どーん！　ですから（経験者は語る）。

歩き方のコツは、ロボットのようにひざを曲げて一歩一歩しっかり！　とか、ペンギンのようによちよち歩きで！　なんてたとえられます。イメージできました？

また、靴選びも重要です。ヒールのある靴や革靴はなるべく避け、靴裏がゴムの滑りにくいものを選びましょう。そして、なるべく両手があくようにリュックなどを活用し、できるだけ時間に余裕を持って行動を。これ重要です。

営業の方などで、どうしても革靴でないといけないという人や、かかと面が狭い婦人靴をはく人は、靴のつま先裏に取り付ける「滑り止めバンド」を活用するのもいいかもしれません。

東京の雪は予想が難しい

もしかして、東京近郊にお住まいの方の中には、雪の予報が出ていても、「あんまりあてにならない」と思っている人もいるかもしれません。

これにはちょっとした理由がありまして……。

正直に言って！　予想が難しいのです……。

どういうことかというと、関東で雪を降らせるのは、日本海側で雪を降らせる冬型の気圧配置ではなくて、太平洋側を西から東へ通る南岸低気圧と呼ばれるパターンなんですね。

そして東京の雪は、この南岸低気圧の進む位置や発達具合、上空の気温と地上の気温・湿度など、さまざまな条件が重なって降るのですが、降り出すタイミングの気温が1℃高くなるか低くなるかの違いで「雨」になるか「雪」になるかが変わってくるので、相当なレベルの予想精度が求められるんです。

だからこそ、ひとたび雪となれば大雪の可能性もありますし、予想が外れて雨になり、全く雪が降らないということもあります。

南岸低気圧と上空の寒気が最悪の条件で重なって、2014年2月には記録的な大雪が降りました。関東甲信地方を中心に山梨県甲府市で114センチ、埼玉県秩父市で98センチ、東京でも27センチの積雪を記録し「平成26年豪雪」と名付けられています。

この時、山梨県では普段雪が降らないため除雪車が間に合わず、立ち往生になった車の行列が数日間にわたって動かせないということがありました。雪の重みで、家屋の倒壊なども相次ぎました。

正直、南岸低気圧に関しては、今の予報技術では、当分はバシッと毎回当てることは難しいのですが、東京は雪に対応していないだけに、雪の予想に関しては、最悪の事態を想定して備えていただきたいと思います。

雪の降り方が極端になっている⁉

北極の上空の寒気が日本やアメリカ、ヨーロッパなどに流れ込んでくることは昔からたまにありましたが、**ここ毎年、アメリカで大雪による非常事態宣言が出される事態**が続いています。

日本でも最近、偏西風の蛇行が大きくなりやすい影響で、より南まで強い寒気が下りてくることが度々起きていて、２０１６年1月には、沖縄本島で観測史上初めて雪が観測されました。

北日本でも、偏西風の蛇行が大きくなったタイミングで上空に非常に強い寒気が流れ込み、大雪になることがしばしばあります。

こうなると、「地球温暖化が進んでいるのに、沖縄で雪が降っているのはなぜだ！」とか、「記録的な大雪になっているではないか！　温暖化は嘘《うそ》っぱちだ！」という批判の声が聞こえてきます。

地球温暖化と偏西風の蛇行。完全に因果関係が解明されているわけではないのであくまで僕個人の見解ですが、地球温暖化は偏西風の蛇行を大きくさせ、それにより天気が極端になっているのかもしれません。

では、今後温暖化が進むと、雪の降り方にどのような影響があるのでしょうか。

北日本の雪は、十分空気が冷たい状態で降るので、地球温暖化や都市化の影響で昔より気温が上がっても雪のまま、溶けずに降ってきます。むしろ、気温が上がると空気中に含むことのできる水蒸気の量が増えるので、上空に寒気が流れるタイミングと重なると、これまで以上に雪が多くなる地域も出てくるのではないかと予測されています。

一方で、西日本の雪は基本的に湿っていて、気温と湿度が比較的高い状態です。なので、今後地球温暖化が進み気温が上がると、西日本の日本海側では雪が少なくなると予測されています。

実際に、都市化の影響もあって、西日本の降雪量は、昔に比べて少なくなっています。

雪の種類と名前

この章では、雪の注意点を中心にお話ししてきましたが、やはり最後は雪が楽しくなるような話で終わりたいと思います。

みなさんは雪に種類があるってこと、ご存じでしたか？

とりあえず、まず頭に浮かぶのが、レミオロメンの「こな〜〜〜ゆき〜♪」。

降ってくる雪の呼び方は他にも、「わた雪」「たま雪」「ぼたん雪」「みず雪」、そしてかの有名な谷崎潤一郎の小説のタイトルにもなっている「細雪《ささめゆき》」なんかもありますが、はっきりと分類されていないんです。

ちゃんと分類されているのは積もっている雪で、「新雪」「こしまり雪」「しまり雪」「ざらめ雪」「しもざらめ雪」「こしもざらめ雪」の6種類に分けられています。

まず、新雪は聞き覚えがあるかと思います。新しく降り積もった雪でフワフワの状態。こしまり雪はそのフワフワの新雪と、固いしまり雪の間の状態。ざらめ雪は溶けた雪など水を含んだ氷粒状態の雪で、しもざらめ雪は気温が下がって霜が下りたもの。こしもざらめ雪はその霜の粒が小さいものです。

新雪としまり雪とざらめ雪なら、見て区別しやすいと思います。

あと、区別の仕方として、雪合戦の時に、新雪で作った雪玉は当たると砕けやすいですが、しまり雪やざらめ雪で作った雪玉は固くて当たると痛いです。

雪の降る音ってどんな音?

「雪がしんしんと降る」といいますが、「しんしん」ってどんな音をイメージしますか?

雨なら「ザーザー」、なんとなくイメージしやすいですよね。しんしんとは漢字で書くと「深々」なんです。意味は「ひっそりと静まり返っているさま」です。つまり、雪は音もせず降るという意味なんです。確かに夜のうちに雪が降って朝目覚めたらいつの間にか辺りが真っ白！　なんてことありますよね。雪は落下速度が遅いので積もる時に音がしません。

そして、雪が積もると町が静かになるんです。

雪の結晶同士は、積もり始めは隙間ができます。雪を踏むとキュッキュッと音がしますね。この雪と雪の隙間が音（空気の振動）を吸収するので、雪が降ると外は静かになります。昼間は音がいっぱいあるのでわかりにくいですが、朝晩はより静けさを感じやすいんですよ。

ほら、やっぱり歌にあるじゃないですか。

「サーァイレン（ト）ナァーイ（ト）♪　ホーォリィーナァーイ（ト）♪」

雪にまつわるプチ話

雪の本当の形

雪は上空にある氷の結晶が溶けずに地上まで降ってきたもの。雲の中の氷の結晶に水蒸気がくっついて成長し、さまざまな形になります。

降ってきた雪を観察すれば上空の様子がわかるので「雪は天から送られてきた手紙」という言葉もあるんですよ。

雪の結晶といえば、乳製品メーカーの雪印の形をイメージしませんか？

あれは、正式には「樹枝状六花《じゅしじょうろっか》」といいます。ほかにも結晶には、板状、針状、角状、梅花状など細かく分類すれば１００種類以上あります。

どのような形になるかは、雲の中の気温や水蒸気の量によって変わります。

ちなみに樹枝状結晶は、上空の気温がマイナス20℃〜マイナス10℃で湿っている時にできやすく、水蒸気の量が多いため、枝が伸びたような複雑な形をしています。

最近のスマートフォンはカメラ機能が進化しているので、ぜひ雪が降った際は写真に撮って観察してみてください。雪が白いので、黒色のものを下に敷いてズームを最大にして接写すると、きれいに撮れます。

第7章

雷がおしえてくれること

雷のイメージ

気象現象は、今でこそ科学の進歩により解明されていますが、数百年前までは、その現象がどうして起こるかわからなかったので、擬人化した何かの仕業だと考えられていました。その代表的なものは、日本では、雷と雷様ではないでしょうか？

僕は昭和57年生まれなので、雷様といったらどうしても「ドリフ（ザ・ドリフターズ）」のイメージになってしまいます。雲の上で、いかりや長介・高木ブー・仲本工事らが扮するアフロヘアのおっさんが、グータラ世間話をしているような。

今の子供はそれを知らないからか、雷様と聞くと怖いイメージが浮かぶのかもしれませんね。というのも、気象キャスターになって視聴者の方からお手紙をいただくようになったのですが、子供からは「雷が怖いのですが、どうしたらいいですか」といった質問が多いのです。

僕自身は雷様のイメージに加え、気象予報士になって雷の仕組みなどを勉強してからは、怖さよりもむしろ興味のほうが強くなりました。「怖いもの見たさ」ということでしょうか。だけど、その好奇心から、本当に怖い思いをしたことも……。

ある日、雷をどうしても写真や動画に撮りたくて、ベランダに三脚を立てて撮影をしていました。

すると、なんと目の前200メートルほど先のビルの屋上に雷が落ちたんです！

爆音とともに空気がびりびりしたような感じで、目の前で起きた出来事にものすごい恐怖を抱きました。

僕のように天気が好きで変態的な人も、雷の時はくれぐれもちゃんと安全な場所にいてくださいね。

実際に、雷による被害はほぼ毎年、全国各地で起きています。

雷の被害

落雷の被害は2005〜2017年の12年間のうち、気象庁が把握している報告だけでも1540件あります。**一番被害が多い月は8月。**夏はゲリラ雷雨が発生しやすい太平洋側で、冬は雪雲が発達しやすい日本海側で起きやすいという特徴があります。

落雷が発生する時、先に雨が降るとは限りません。落雷が先にあって、その後に雨が降ることもあります。なので、怪しい雲が広がりゴロゴロと音がした時点で、早めに逃げてください。

雷に直接打たれることを「直撃雷」といいますが、この場合、約8割は命を落としています。

落雷時の状況で多いのは、田畑での農作業中、漁船での釣り中、堤防の土手を散歩中などが挙げられます。周りに逃げ場がなく、**自分が一番高いものになってしまう状況下が危険**なんですね。

雷は高い所に落ちる性質があります。身に着けている金属に落ちやすいという話を聞いたことがあるかもしれませんが、それは迷信です。金属を外しても落ちる可能性はあります。

また、ゴム製のものを身に着けていると安全というのも、実は迷信です。

なぜなら、雷の電圧は約1億ボルトもあり、その時の温度は一瞬ですが数万℃にもなるからです。太陽の表面温度が６０００℃ですから、これは打たれたらひとたまりもありませんね。

雷の仕組み

人間が太刀打ちできない雷。こんなすごい電気の力ですが、その仕組みは冬にパチッとなる、あれと同じなんです。

詳しく説明しますね。

雷の電気を生み出すのは、積乱雲です。

積乱雲の中の水滴や氷の粒がぶつかったり、こすれ合ったりする際に「静電気」が生まれます。冬にセーターを脱ぐ時などに他の服とこすれて発生するあの「静電気」と同じですね。

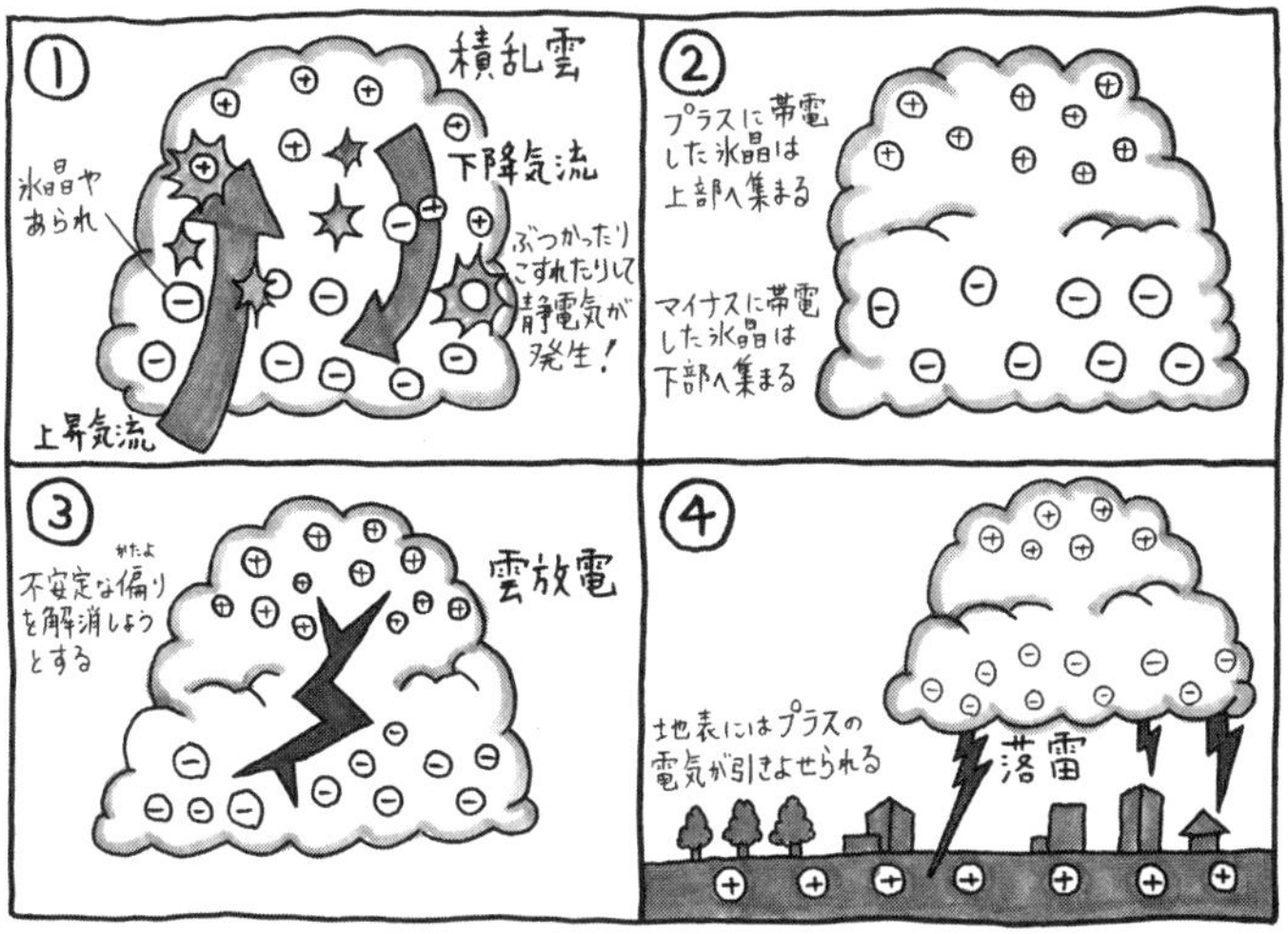

雲の中では、氷の粒同士がぶつかることにより、マイナスとプラスの電気が発生し、小さな氷の粒はプラスの電気を、大きな氷の粒はマイナスの電気を持ちます。プラスの電気を持った小さな氷の粒は上昇気流で雲の上部へと運ばれ、マイナスの電気を持った大きな氷の粒は雲の下部へと集まります。この電気が十分に溜まると、その不安定な偏りを解消しようとして放電が発生します。

雲の中で分かれたプラスとマイナスの電気が起こす放電を「雲放電《くもほうでん》」といい、地球上で発生している雷の約8割は雲放電です。では、残りはなんなのかというと、地上のプラスの電気と雲の下のマイナスの電気が放電を起こす、「落雷」となります。

上図を見ながら整理してみてください。

雲の中の電気の流れがわかりましたか？

人間の体も電気を帯びていて、プラスの電気やマイナスの電気の交換を体の外と頻繁に行っているんです。

静電気体質、なんて言葉を聞いたことないですか？

よく、冬にドアノブを触った時や人と手が触れた時に「バチッ！」となりやすい体質のことですが、僕はまさにこれです！

どういう人が静電気体質なのかまず見ていただくと、

・肌が乾燥しやすい
・不規則な生活
・ストレスを溜めやすい
・睡眠不足
・血液がドロドロ

ヤバい！　僕は全部当てはまっている……。みなさんも生活習慣に気を付けましょうね。

人間の体は、自然放電していて、お肌が潤っているとこの自然放電がよく行われますが、乾燥していると体に電気を溜めやすくなります。しかも、体に疲労が溜まったり、血液がドロドロになったりすると、自然放電しづらくなり、体がプラスの電気を帯びた状態になってしまいます。

そして、空気が乾燥している冬にドアノブなどマイナスの電気を帯びているものに触れると、「バチッ！」となりやすいというのが静電気体質の仕組みです。

僕は、冬は車のドアを一度ちょんっと手の甲で触れてから開けたり、エレベーターのボタンは指先ではなくて、手をグーのような形にして第二関節の所で押したりします。

いや、そんなことよりも生活習慣を見直せよっていうね……。

みなさんはどうですか？

乾燥しやすい冬に静電気が起こりやすい服装をしていることも原因になるようです。例えば、ポリエステル（フリース）の上着にウールのマフラーはバチバチが起こりやすいので、気を付けてください。

雷はどうして音がするのか

さて、仲本工事のような雷様がシャワーで雨を降らせているわけではなく、いかりや長介みたいな雷様が電球で雷光を光らせるわけでもないと、改めてわかりました。

そして、あの「ゴロゴロ」や「バーン！」という音も、高木ブーみたいな雷様がアンニュイな感じで太鼓を叩《たた》いているわけではありません。

まず、空気は電気を通さない性質があります。しかし、約1億ボルトの電気が発生すると、電流の通り道が数万℃まで一気に熱せられ、空気が爆発的に膨張。その急激な膨張から一瞬で元に戻る時に衝撃波が生まれ、それが音になるのです。

光の速度は一瞬ですが、音は1秒間に３４０メートル進みます。つまり、空が光ってから10秒たつと、３・４キロの距離に雷が発生していると推測できるんですね。

また、音の違いからも距離をつかむことができます。

遠くでは、「ゴロゴロゴロ……」という低い音、落雷があった時は「バーン！」という高い音、非常に近い距離だと「パンッ！」と短く乾いた高い音になります。

積乱雲の下から半径10キロ以内のエリアは、どこで落雷が起きてもおかしくありません。10キロ以内というと、光ってから30秒以内は危ないということです。例えば、光ってから5秒以内に「ゴロゴロゴロ……」と音がした場合、ほぼ真上にある雲の中で雷が発生していると思ってください。

屋外イベント時の雷対策

ここからは具体的に、シチュエーション別に雷の注意点をお伝えします。大人の方からも、「この場所ではどうしたらいいですか？」とよく聞かれるので、この本では一挙にご紹介していきますね。

まずは、屋外でのイベント。

初夏から夏の終わりにかけて、音楽フェスや食べ物のフェスなど、たくさんの野外イベントが開催されていますよね。

夏の野外音楽フェスなどは開かれた場所でやるので、雷が発生しそうな時は早めに安全な場所に逃げておきたいところですが、実際は多くの人が収容されていることもあり、そうもいきません。僕が昔、観客として参加した時は、多少の雨ではそのまま続行で、観客はカッパを着てしのぐしかありませんでした。

といっても、今のたいていの野外イベントは、気象情報会社がサポートしていて雷雨になる前に情報を運営スタッフに渡しているはずです。もしかすると、早めに大きな建物内に誘導するといった指示が出ることがあるかもしれません。もし、雷雨になりそうな時は、原則、運営スタッフの指示に従ったほうがいいでしょう。

こういう時に雷雨によりステージがいったん中断となったら、雨宿りをしようと近くの木の下に行きがちですが、それは絶対にしてはいけません。

運営側からの目線のエピソードをひとつ紹介します。僕は、読売テレビが夏に行う「鳥人間コンテスト」という歴史あるイベントのサポートを、ウェザーニューズと一緒に数年前まで現場で行っていました。

これは天気が変わりやすい夏にやるので、かなり大変なんですね。雷が会場である琵琶湖周辺で発生すると、いったん競技を止めなくてはなりません。雷雲が自分たちの近くだけでなく、数十キロ離れた琵琶湖の対岸で発生した時点でもう競技はストップします。

出場者の飛行機が飛び立ってから、琵琶湖上にいる時間も考慮しなくてはならず、撮影へリや琵琶湖上を飛ぶ飛行機への落雷も防がなければなりません。

競技参加者と観客の命を預かりながら、また競技自体も最後まで成立させたいという主催者側との板挟みで、正直かなり神経を使う仕事でした。

実際に、雷により競技が最後までできなかった年もあります。この日のために1年間準備してきた参加者が悔し涙を流すのを、そばで見ているのはかなりつらかったです。大学生活すべてを懸けてきて、これが最後のチャレンジという人もいるわけですから……。

この雷雨の時には、競技参加者だけでなく、観客にも一時的に周辺の頑丈な建物への避難

を促しましたが、なかには琵琶湖周辺の木の下で雨宿りをして済まそうとする人もいました。

そういう人に「ここは危ないので、建物に避難してください」と伝えると、「なんであなたにそんなこと言われなきゃいけないんですか！　自己責任でここにいるので放っておいてください！」と返されたことも……。

とはいえ、放っておくわけにはいきません。万が一事故が発生したら、数十年続いたイベントが来年からできなくなってしまうので。

いつ落雷が起きてもおかしくない状況の中、そういった説明を丁寧にしなければなりません。これには神経を使いました。

繰り返しになりますが、雷の時は、木の下での雨宿りは絶対にしてはいけません。

雷は高い所に落ちやすい性質があります。木に落ちた雷がそばにいる人間のほうへ飛んでくることがあり、これを「側撃雷」といいます。木よりも人間のほうが体に多くの水分を蓄えているので電気が通りやすいのです。

もし、**近くに建物がない場所で雷に遭遇したら、木の幹からは4メートル以上、枝からは2メートル以上離れた場所でしゃがんでください。**しゃがむ時は、足を閉じて雷が収まるのを待ちましょう。

川、海での落雷対策

次に、河川敷でバーベキューやキャンプをしている時。避難できる建物が周りにないような状況で天気が急変してしまった場合です。

こういう時は、**車の中に避難**しましょう。それもなるべく真ん中にいるようにしてください。万が一、車に雷が落ちたとしても電流は車の側面を通って地面に抜けていきます。

もし、テントを設置していても、テントの中に逃げることはおすすめしません。テントの柱となるポールは落雷を受けやすく、ポールからの側撃雷を受けるおそれがあるからです。

また、橋の下に避難するのもできるだけやめましょう。雨により川が急に増水するおそれがあり、雷から身を守れても川の上流の水がその場所に鉄砲水として一気に押し寄せることがあります。

海水浴などのレジャーの時は、雷鳴が聞こえたり、暗い雲が近づいていたりする空模様だったら、ただちに中止し、岸に上がって建物の中に避難しましょう。監視員がいれば、彼らは雨雲レーダーを常に見ているので、指示にすみやかに従ってください。

雷は、木や高いものだけでなく、**海面や砂浜に落ちるケースも**あります。実際に、サーフィンで波待ちしている人たちが一斉に感電した事故や、感電して溺れて亡くなったこともあります。

山登り時の落雷対策

最近では、山登りをする人口が増加する一方で、事前に天気図を見たり、注意報や警報を確認したりしないで山に入ってしまう人も多いと聞きます。

できればその日に雷注意報が出ていないかを調べておき、何時頃に山小屋や休憩所に着けるのか、距離はどのくらいかなど、事前に計画を立てておきましょう。

登山中に雷雨に遭うと、逃げ場は山小屋のみになります。

山小屋でも避雷針がある所とない所があります。避雷針がない場合、山小屋の中でも柱や壁からできるだけ離れて低い姿勢を保ち、**雷がやんでも20分は様子を見て**ください。

もし、山小屋までたどり着けない場合はくぼ地に避難し、しゃがんで身を低くしましょう。

この時、**「足を閉じてしゃがむ」のがポイント**です。足を閉じてつま先を地面につけて、かかとを上げ、両手で耳もふさぎます。できれば、リュックを足の下かお尻に敷いてください。足を開いていると「歩幅電圧」といって、地面に落雷し、放射状に広がった電流が片方の足から入ってきて人間の体を通り、もう一方の足へと抜けるおそれがあります。

耳をふさぐのは、音で鼓膜が破れるのを防ぐためです。

ただこんな状況だと、あとはもう落ちないように祈るのみとなりますね……。

山登りが趣味の知り合いは、「標高の高い所で雷に遭遇すると、上からではなく、横から雷が襲ってくる」と恐ろしいことを言っていました。

事前の準備は、天気予報を確認するということも含みます。その日は中止するという決断も時には必要です。

部活中にも落雷事故が起きている！

注意すべきはレジャー中だけではありません。部活中や体育の授業中にも数年に一度は事故が起きています。

実際に学校のグラウンドで、部活中に落雷の被害に遭った事例を紹介します。

ある年の8月、埼玉県の高校にて。

その日の午後4時頃、野球部の練習試合が行われていました。雷注意報は出ていたものの、雨は降っておらず空は晴れ間がのぞいていたそうです。しかし、突然、雷が落ちて、グラウンドにいた生徒が心肺停止の重体になりました。

また、愛知県でも高校の野球部の練習試合中に落雷事故が起こっています。

その日、午後1時頃、雨が降ってきたので試合は一旦中断されました。この時も雷注意報は発表されていましたが、青空が出たので10分後に試合を再開。その直後に雷が落ち、マウンドにいた生徒に直撃して亡くなりました。

この2例には共通していることがあります。

・雷注意報が出ていた
・晴れていたにもかかわらず雷が落ちた
・グラウンドという開けた場所で練習試合中だった
・ネットの柱の上に避雷針があった
・後日、雨雲レーダーを解析すると、周辺には雷雲が多数発生していた

ここから言えることは、生徒を預かる教師やコーチは、まず警報ではない「雷注意報」に

も気を配らなければなりません。次に「雷注意報」が出ている状況で天気が怪しくなってきたら、授業や試合を中断・中止する決断を下す必要があります。そして、ゴロゴロと音がしてきたら、念のために早めに頑丈な建物へと生徒らを移動させましょう。

避雷針があるからといって100％安全ではありません。

また、**雷は雷雲の真下だけでなく、約10キロ圏内は危険エリア**なんです。**天気が回復してきて活動を再開する場合、目安としては、空の一方向に晴れ間が出てきたとしても、雷の音がやんでから少なくとも20分以上は様子を見てからにしてください。**また、次の雷雲がくることもあるので、その後の空模様の変化もしっかり観察しましょう。

今の時代は、携帯やスマホで気象庁のホームページにある雨雲レーダーと雷レーダーが簡単に見られますので、そういったものもぜひ活用してください。

町中で買い物中の時はどうすればいい？

例えば、渋谷のスクランブル交差点で雷に直接打たれるということは、確率としてはかなり低いでしょう。まず、町中は場所が開けていないですよね。周りに建物がいっぱいあります。その建物ですが、高さ20メートル以上の場合は避雷針の設置が建築基準法で定められているので、町中では避雷針に落雷することがほとんどです。

建物の高さでいうと、だいたい6階以上の建物には、基本的に避雷針があると思ってください。では、町中では雷が鳴っても無視しておけばいいかというと、そうでもないんです。最近の研究で、高さが100メートル以上の高層の建物の場合、外壁に落雷することもあり、はがれた外壁が落下したケースも報告されています。

100メートルの高さからコンクリート片が落ちてくる……。やはり、雷が鳴っている時はむやみに外に出ず、早めに安全な建物の中に避難するほうがよさそうです。

家の中・会社の中にいる時は？

最後に、家の中の対策です。

落雷により火事が起きるということはたまにありますが、基本的に建物の中にいれば、直接の被害はありません。

しかし、たまにではなく頻繁に起こっている屋内での落雷被害があります。

それは、生活の中で使っている家電製品が壊れるという被害です。

建物に落雷し、コンセントから強い電気が流れてテレビやパソコンがダメになったという事例が数多くあります。ある調査結果では、年間何千億円もの被害が出ているとの報告が。自然災害に対する保険で、雷による災害保険がある理由の多くはこのためなんです。

雷が外で鳴っていたら、まず作業中のデータは保存しておいたほうがいいでしょう。近くで落雷し、急に停電になってデータが消えてしまうということもあります。できれば、パソコンの作業はいったん中断し、シャットダウンがベストです。また、コンセントに付ける落雷対策用の雷ガードも販売されていますので、利用するのもいいかもしれません。

建物に落雷した場合、コンセントの近くにいると感電するおそれがあるため、外で雷が鳴っているような時には、なるべくコンセントからも1メートルほど離れておきましょう。

過去には、電話線から家の電話機に電気が流れて、電話をしている最中に感電した事例も。

水道の金属管を伝って風呂場に電気が流れる可能性もあるようですが、入浴中に感電したという事例は今のところ僕は聞いたことがありません。が、念には念を。雷が収まるまで入浴は少し待ったほうがいいでしょう。

昔から伝わる雷の対策を知ろう！

一連の雷対策、いかがでしたか？　これで少しは雷は怖くないと思っていただければ幸いですが、なにより覚えていてほしいのは、とにかく雷が鳴ったら「身をかがめて頑丈な建物の中へ逃げる」ことです。

昔の言い伝えで、「雷様におへそをとられる」なんて聞いたことありませんか？　僕も小さい頃、雷が鳴るとこの言葉を祖父に言われました。

どういう意味なんでしょうかね!?

これは、雷様はおへそフェチでいろんな人のへそを集めるマニア……というのは冗談で、**「雷が鳴ったらおへそを隠して逃げなさい」**という意味です。

おへそを隠す姿勢をとると、自然と頭が低くなりますよね。雷は高い所に落ちやすいから、頭を下げる。さらに、春や夏は雷と一緒にたいてい土砂降りの雨も降るため、上空の冷たい空気が雨とともに引きずり下ろされ、一気に気温が下がる。そこから、「雷の時は雨が降って急に気温が下がるから、おなかを冷やさないようにしなさいよ」という意味も込められていたのではないかと考えられます。

昔の人は、経験則でこの言葉を生み出したのでしょうが、現代になって天気の仕組みがわかる今、とても理にかなった注意の仕方だとわかります。

気象予報士の僕自身、4歳の娘に雷からの逃げ方を説明する時、あれこれ言いません。「雷様におへそをとられるから隠して逃げるんだよ」と一言伝えています。

……「おいおい! さんざん雷の説明をしておいて自分の子供にはせーへんのかぁーーい!」とツッコミが聞こえてきそうですが、いつの時代も子供には、やっぱり鬼とか雷様とか効きますよね〜。ぜひ、世代を超えて受け継がれてきたこの言葉、活用してください。

雷にまつわるプチ話

どうしても怖い人は、雷除けのお守りを！

雷の仕組みがわかり、対策もわかっていても、やっぱり雷は怖い！　なんとかならないかという人のために……。

これはもう最後の……神頼みです！

〝雷除けのお守り〟が手に入る神社をご紹介します。

まずは、東京は雷門で有名な浅草寺。門の両側には風神、雷神が祀《まつ》られています。観光名所で有名な浅草寺ですが、7月9日・10日の2日間は、毎年「四万六千日・ほおずき市」という縁日が催されます。この2日間の期間限定で授かることができるのが、「雷除札《かみなりよけふだ》」です。この2日間しか手に入りませんので、ぜひお見逃しのないように。

また他にも、夏場に雷が多い北関東には、雷電神社という名の神社がいくつかあり、その総本宮が群馬県板倉町にあります。こちらでは、雷雨が降りやすい夏前の5月中旬～7月中旬に、ご祈禱《きとう》をしてくれます。この期間中であれば「雷除札」のお守りも授かることができます。

実は、この場所は気象キャスターにとっても一度は行っておきたい場所なんです。というのも、雷電神社には、音楽芸能の御神徳で信仰される弁財天の御像がおられます。また、撫《な》でると地震を除けて自信が湧き出る「なまずさん」と呼ばれる御像も。人前で天気を伝えるキャスターにとっては一石三鳥の御利益が得られる神社なんですね。

関西では、京都市に賀《か》茂《も》別《わけ》雷《いかづち》神社があります。通称は上賀茂神社で、御祭神が賀《か》茂《も》別《わけ》雷《いかづち》大神《おおかみ》です。こちらでも「雷除け」のお守りを授かることができます。

京都府南丹市には、天神様として信仰されている菅原道真公を御祭神とする生身《いきみ》天満宮があり、毎年５月１日の春祭り１日限定で、雷除けお札・雷除けお守りを授かることができます。

興味がある方はぜひ一度足を運んでみてはいかがでしょうか?

夏の季節病「熱中症」

花粉症に次ぐ「季節病」と言えば夏の熱中症です。

熱中症は、体に熱がこもってしまうことで起こります。昔は「日射病」といわれていましたが、炎天下だけでなく室内でも起こることから、今は体に熱がこもって起こる症状を総称して「熱中症」といいます。

記録的猛暑となった2018年の熱中症による救急搬送者数は、なんと約9万5000人。死亡者数は160人です。この年は「災害級の暑さ」という言葉が流行語にノミネートされ、僕もテレビで呼びかける際に「気象災害から逃げるために、エアコンや扇風機を使ってください」「都市化によって昔と暑さの性質が違いますので、自分は大丈夫と思わずに」などと注意喚起しました。

搬送者の約半数は65歳以上の高齢者で、発生場所の40%は住居（庭も含む）です。お年を召されると暑さやのどの渇きを感じにくくなり、気づかぬうちに熱中症になってしまうケースが多いのです。また、エアコンが嫌い、エアコンは贅沢《ぜいたく》だとおっしゃる方もいますが、倒れては元も子もありません。

時間を決めて水分補給をする、冷房を入れるなど、意識的に対策をしてください。

熱中症は症状別に、軽度、中度、重度の3つに分類されます。

軽度は、めまい・たちくらみ、手足のしびれ、吐き気。また、足がつるなど筋肉の硬直・筋肉痛も軽度に該当します。これは汗をかいて、体の塩分が少なくなることで起こっているのです。

中度は、頭痛、嘔吐《おうと》、体に力が入らないことがあたります。そばにいる人が話しかけて「いつもと様子が違う」というのも熱中症ではすでに中度レベルです。

重度になると、体のけいれん、意識がない、体に触れると熱い（高体温）という状態で、この状態だともう汗が出なくなっています。

気をつけないといけないのは高齢者だけではありません。

幼児もまだ汗をかく機能が発達していないので、周りの人が注意してください。特にベビーカーは地面に近いので、真夏の場合、大人が感じる温度よりも**子供は5℃ほど暑い場所にいる**と考えてあげてください。

僕は自分の子供が赤ちゃんの頃、真夏に外出する時、ベビーカーの背もたれにタオルで包んだ保冷剤を入れていました。

熱中症の症状

軽度	●めまい・呼吸回数の増加 ●唇のしびれ・こむら返り（足がつる）
中度	●頭痛・吐き気・体がぐったり ●会話の様子がいつもと違う
重度	●意識がない・体のけいれん ●体にふれると熱い(高体温)

熱中症は「梅雨明け十日」が一番怖い

熱中症で特に危険な時期は「梅雨明け十日」。毎年、梅雨明けした直後に搬送者の数が一番多くなります。

しかも、重症化しやすいという特徴も。これは、体が暑さに慣れていないところにいきなり35℃以上の猛暑日が連日続くからです。

真夏になる前に、ウォーキングなどで体を動かして汗をかきやすい体づくりをすることを「暑熱順化」といいます。

梅雨の晴れ間に軽い運動をして、夏の本格的な暑さに備えましょう。

また、夏バテしないように朝ご飯はしっかり食べる・睡眠をしっかり取ることも大切です。

エアコンにばかり頼るよりも、こちらのほうが

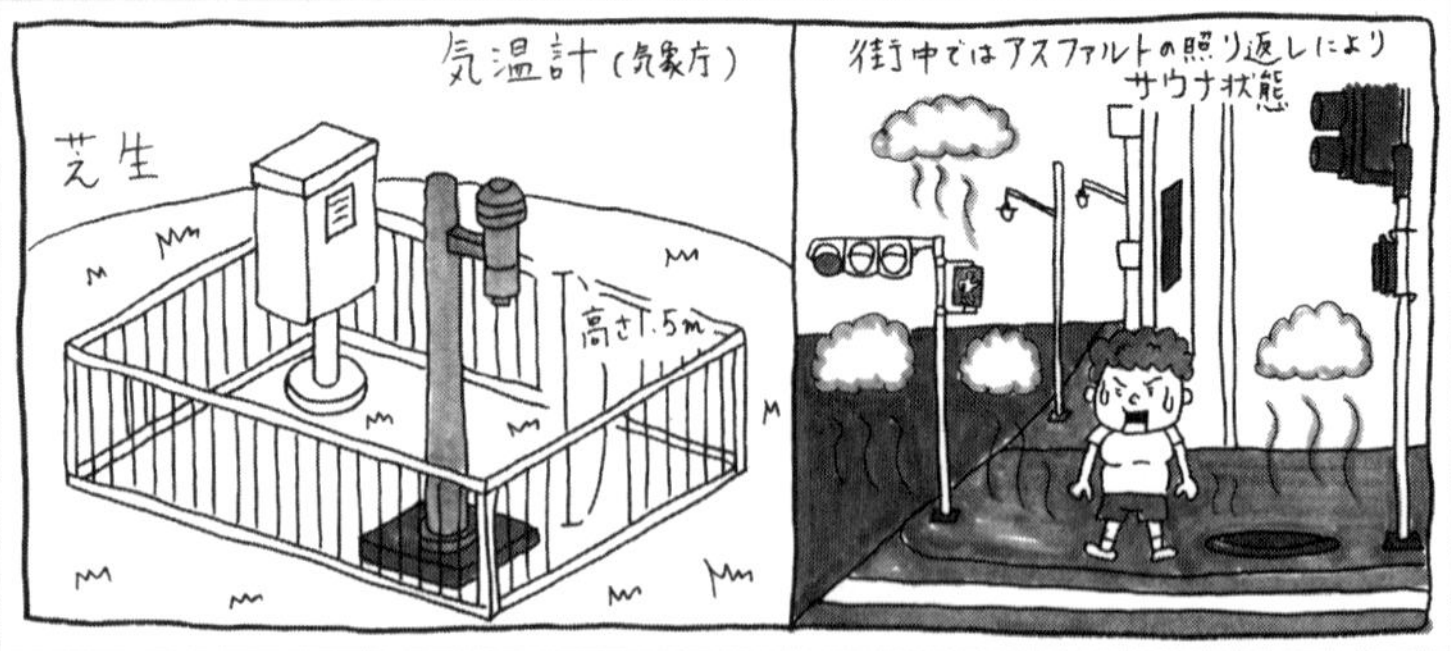

対策としては健全ですよね。

ちなみに、テレビでお伝えしている天気予報の気温は、実際の町中の気温より低く出ています。

というのも、気温の観測は、日陰で、風通しが良い、高さ1・5メートルの所に設置した気温計で行われているのです。町中のアスファルトの照り返しがあるような所では、天気予報で35℃となっていても、実際は42℃くらいになっているので注意してください。

天気や季節にうまく体を合わせる

さて、ここでは「気象病」や「季節病」についてお話ししてきました。

これらがおしえてくれることは、自分の体との向き合い方です。

対策を知ることで上手に天気や季節の変化と付き合っていきましょう。

特に命にかかわる熱中症に関しては、「無理をしない」「自分は大丈夫と過信しない」ことが大切です。

第8章

警報がおしえてくれること

～平成最悪の豪雨被害に学ぶ教訓～

平成時代を振り返ると……

２０１９年５月、時代は「令和」へと変わりました。それにあたり、いろいろな角度から平成史が取り上げられましたが、気象の面から振り返ると、平成は自然災害の多い時代だったと思います。

僕も小学校６年生の時に経験した１９９５年の阪神・淡路大震災をはじめ、２０１１年には東日本大震災、同年には台風12号による紀伊半島大水害もありました。

２０１２年には茨城県つくば市で国内過去最大級の竜巻発生。２０１３年は記録的猛暑（高知県で41・０℃）。２０１４年は記録的豪雪（山梨県で1メートル14センチの積雪）、広島県大規模土砂災害。２０１５年は関東・東北豪雨（茨城県鬼怒川で堤防決壊）。２０１６年は観測史上初めて（東から西へ）逆走する台風発生。２０１７年は九州北部豪雨。

そして２０１８年。平成が終わろうとするこの年は、特に気象の激しい1年でした。なかでも、「平成30年7月豪雨」と名付けられた大雨は、平成史上最悪の大雨被害をもたらしました。

僕はこの経験を通して、改めて「伝える」とはどういうことか、気象キャスターの役割についても深く考えさせられました。

まず、この大雨の特徴は、特段珍しい気圧配置によるものではないということです。「今まで起きたことのない現象により発生した」わけではなく、「悪条件が重なれば今後も起こりうる災害」です。

だからこそ、この章では「平成30年7月豪雨」がなぜ起きたのかを解説しながら、警報の意味についてもお話しししていきます。

関東甲信地方が異例の早さで6月中に梅雨明け

2018年6月は、梅雨の前半から南の海が騒がしいなという印象でした。台風5号、6号が相次いで日本に接近し、九州南部や沖縄では台風の影響で大雨に。台風が立て続けに発生した影響で、太平洋高気圧が例年以上に早い段階で勢力を増していました。6月25日には、栃木県佐野市で36・4℃となり、全国で最初の「猛暑日」に。また、6月28日にはグアムの北の海上で台風7号が発生し、夏の太平洋高気圧がさらに強まり続け、本州に停滞していた梅雨前線を北へと押し上げて、なんと6月29日には関東甲信地方で統計史上（1951年以降）最も早い「梅雨明け」の発表となりました。

結果としては、それくらい〝異例〟の梅雨でしたが、このときの読売テレビ内のウェザールームでは、僕を筆頭に「なんだか今年もおかしな夏だな。極端に晴れて暑くなるのか、も

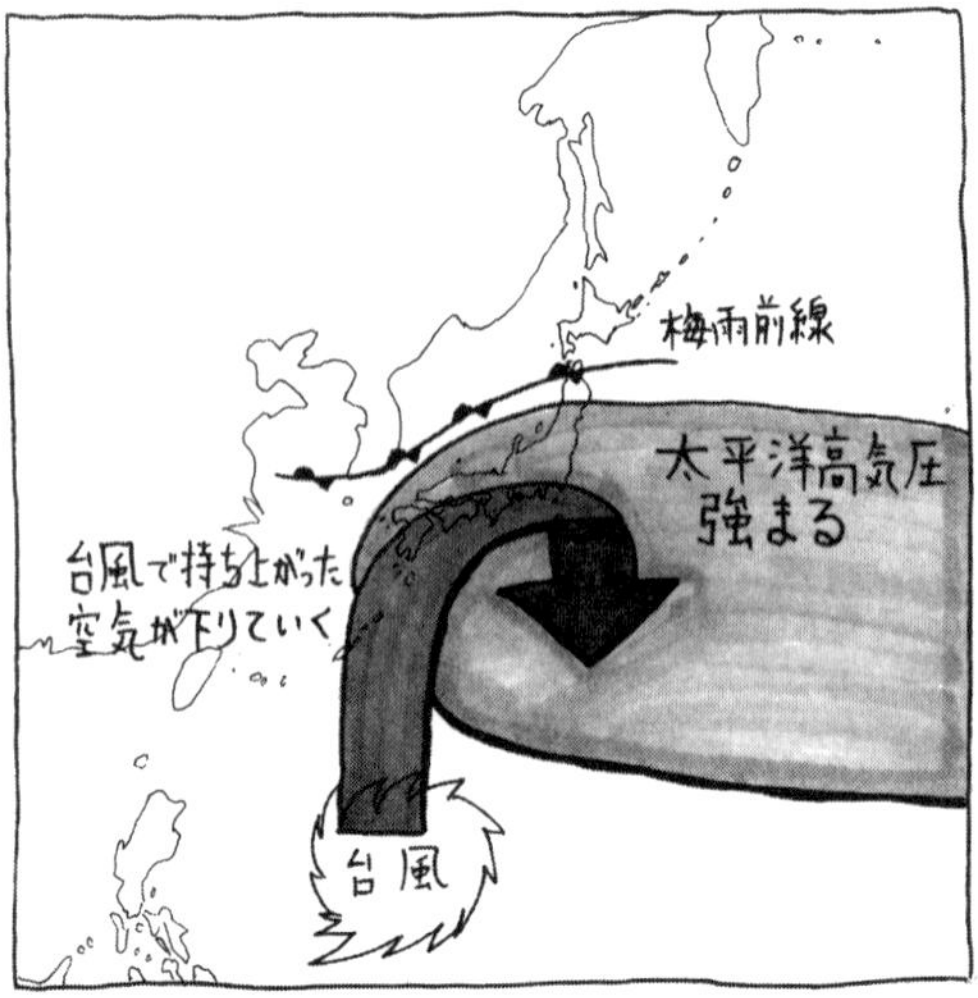

しくは戻り梅雨があって雨の日が多くなる可能性も……」と懸念していた程度でした。

本来ならば、「統計史上最も早い」ことから「異変」を察知しなければならなかったのに、最近は極端な天気が続いていたため、僕らは少し鈍感になっていたように思います。

この段階の天気予報で伝えたのは、「関東甲信以外の地域も梅雨明けが早くなりそうです」くらいのことで、翌週に起こる平成最悪の豪雨に関しては、想像すらしていませんでした。

そして、週明け月曜の7月2日、驚くべきことが起きたのです。

予想を見て驚愕する週明けの月曜日

先週の段階では、この週の天気予報は、東海や西日本は月曜から金曜まで晴れで「梅雨明けするかも」という予想だったのに、週間予報を見ると、なんと日曜まですべて雨予想へと一変していました。

台風7号の進路も、先週は本州には近づかない予想だったのに、急カーブして近づく予想に変わっていたのです。

しかもその後、台風の湿った空気は梅雨前線へと姿を変え、数日の間、西日本を中心に雨を降らせ続ける予想になっていました。

まず、月曜の時点で、沖縄・九州などに台風が接近するおそれがあるとして、『ミヤネ屋』では、番組冒頭から天気コーナーが組まれ、注意を呼びかけました。とはいえこの時点では、「台風の進路が変わりました。今週は西日本を中心に雨が続き、雨量が多くなりそうです」という表現にとどめ、様子を見ることにしました。

次々と伝えなければならないことが増える火曜日

火曜の早朝には、台風から最も離れた北海道で、梅雨前線の影響で局地的に大雨となり、石狩川が氾濫して浸水被害が起きました。あまりにも狭いエリアでの局地的大雨のため、情けないことですが、僕は予想ができていませんでした。

そして、その後の大雨の予想を解析すると、西日本を中心に明らかにとんでもない量の雨が予想されました。台風から離れた北海道の梅雨前線のせいでこれほどの大雨が降るとは……。しかもこれから西日本にかかる梅雨前線は、台風から変わるもっと危険な雨雲の群れでもある。

この時に「これから長時間続く大雨」に対しての意識が変わり、ある決断を迫られました。その決断とは、「今、この段階で防災スイッチを入れるべきか」ということ。

このような異常気象になりそうな時、一番に考えるのは、防災のスイッチを入れるタイミングと、その内容です。

数日先の予想ほど、ブレ幅を考慮して、伝える言葉に慎重にならなければなりません。タイミングが早すぎると、今現在雨が降っていないので視聴者の心に響きづらく、いざという時に行動してもらえないということもあります。

そしてやみくもに「危ない！　危ない！」と脅してばかりいると、予想が変わって大雨にならなかった時にオオカミ少年になりかねないという懸念もあります。

今回は、大雨のピークとなる数日前の段階で防災スイッチを入れるか迷いましたが、「ここで強い防災メッセージを伝えてスイッチを入れてもらわないとまずい！」と判断し、この日から読売テレビ報道局全体を災害モードに切り替えてもらうことにしました。

放送では、とにかく自分の持っている危機感をそのまま伝えました。

「日曜にかけて大災害レベルの大雨のおそれがあります。気象予報士になって以来見たことのない梅雨前線の大雨が予想されています」

これまでに使ったことのない表現だったので、手と声が震えたのを覚えています。

とにかく、今回の雨は普通じゃないことを、早めに、強く、伝えたかったのです。

大雨の原因は「ゴースト台風」

翌日になって天気図を見直しても、最悪の状況になる予想に変わりはありませんでした。

そして、「今回の梅雨前線による大雨は、例年となにが違うのか」をウェザールームのスタッフたちと解析しました。

まず、長期間大雨が続く原因となったのは、日本列島の北と南にある高気圧の勢力が例年以上にとても強く、本州の上空で梅雨前線を挟みうちしてしまうこと。

さらに、今回の梅雨前線は、台風7号が崩れながら持ち込む非常に湿った空気で形成されている。そこに、南の海から高温多湿な空気が流れ込み続け、動きが止まっている梅雨前線に向かって「水蒸気という大雨の燃料」を「補給し続けて」しまうことが考えられました。

これだけでもかなり危険なのですが、もうひとつ「水蒸気の燃料」を送り込んだものがありました。

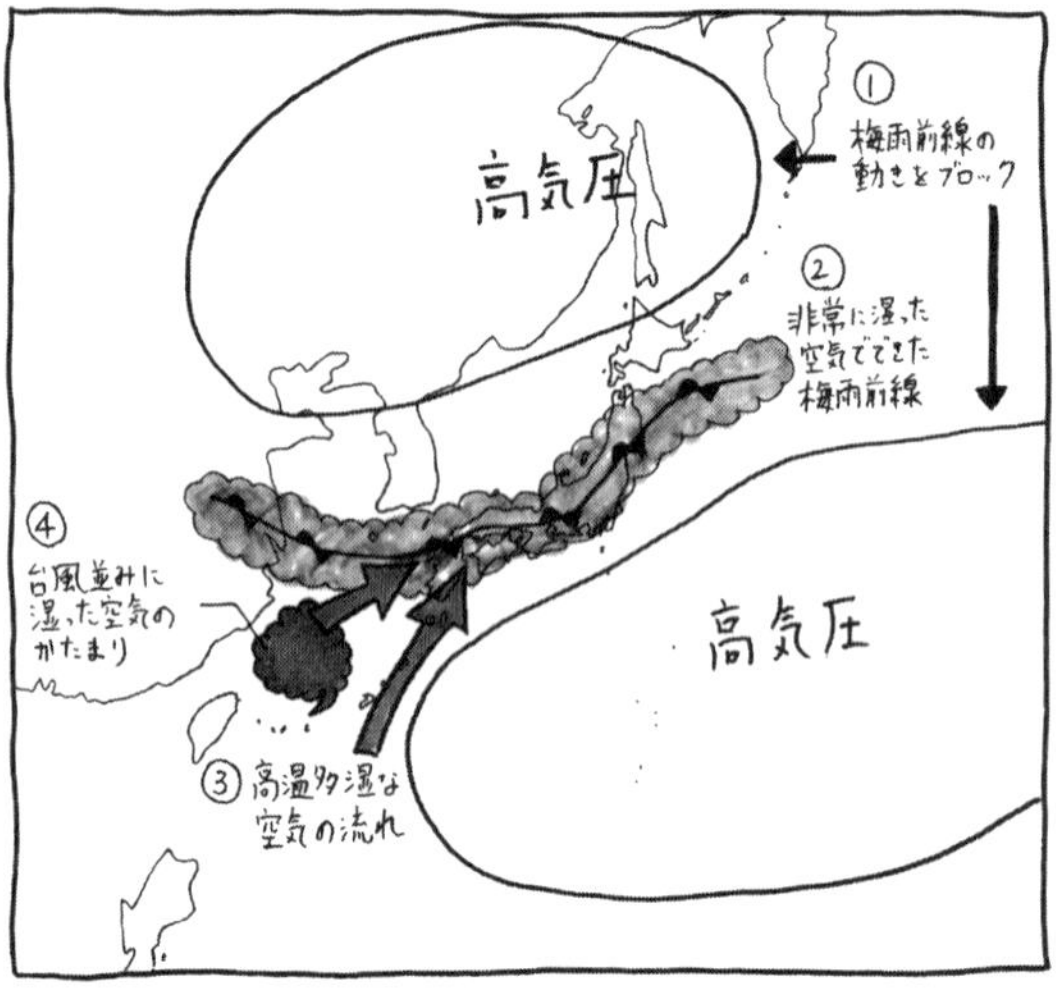

それは、沖縄と台湾の辺りに発生した「台風並みの非常に湿った空気のかたまり」。

本来であれば、この非常に湿った空気は雲を発生させ、その雲群は発達しながら渦を巻き、その渦の風が強くなると熱帯低気圧になり、もっと強くなると台風へと発達するのですが、今回に関しては、明瞭に渦を巻かないので地上天気図上には何も現れていませんでした。これは、目に見えない台風並みのエネルギー、いわば「ゴースト台風」。

この姿の見えないゴースト台風からも、大量の水蒸気が西日本にどんどんと送り込まれ、結果的に広範囲で過去に例のないほどの大雨を引き起こしたのでした。

大雨が降り始めて2日目の水曜日

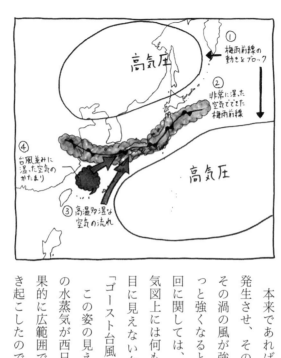

九州では台風7号本体により工事現場の足場が崩れたり、窓ガラスが割れたりするなどけが人が続出。北海道では前日の大雨により浸水被害が引き続き発生。高知県、徳島県、岐阜県では湿った空気の影響で雨量がすでに1か月分を超え、土の中の水分量を考えると、いつ土砂災害が起きてもおかしくない状況でした。

また、前月に発生した大阪北部地震により損壊した屋根の修理がまだ終わっていない家がある地域で今後大雨が予想されていました。九州北部豪雨からもちょうど1年という時期で、住宅地に流れ込んだ土砂がまだ山積み状態である地域に、記録的大雨が降るおそれがありました。

それを受けてこの日の放送では、僕を含め司会者やコメンテーターは、

「今までの常識が通用しない。危険な状態になる前に避難を」

「真夜中の大雨になるおそれもある。避難は明るいうちに」

「避難する際は、近所の人と声を掛け合って、なるべく1人では行動しないほうがいい」

などと、強く注意喚起をしました。

しかし、これほど一斉に呼び掛けても、僕はどこか手ごたえが感じられませんでした……。数十年に一度レベルの大雨に対して、教科書的な表現で、はたして視聴者にちゃんと届き、行動に移してもらえるのだろうか、と。

大雨のピークはまだこれからというタイミングで、僕自身も「防災コメントの強いカード」を使い切った状態でこの日は終わりました。

気象庁が異例の緊急会見を開いた木曜日

翌日、気象キャスターとして、昨日から抱いていた手ごたえのなさについて、考えながら会社へと向かいました。

すると、電車の中で、ある学生の会話が耳に入ってきました。

「なんでうちの学校『暴風警報』だったら休みになるのに『大雨警報』だと休みにならへんねん！」

「『特別警報』が出たら休めるらしいで。はよ出ーへんかなぁ」

テレビ局に着くなり、最初にスタッフから聞かれたのも、「特別警報って出ますかね？出たら特番を組もうと思っているんですが……」ということでした。

この時、ふと気づきました。

もしかしたら、「警報」の意味が正しく理解されていない……？　大雨警報でも死者が出るレベルなのに、一般の人たちは特別警報じゃないから大丈夫と誤解していないだろうか。ひょっとして特別警報待ちをしている？　だとすると、逃げ遅れが発生する！　と。

僕はずっと、伝えるだけでは意味がない、視聴者の方が情報を受け取って行動に移してこそ意味があると思っていましたが、「もしかしたら自分は、視聴者は防災情報をある程度理解しているという前提でたれ流しにしていたかもしれない」と、この時深く考えさせられたのです。

本当に今必要なのは、危ない・ヤバいといった「脅しの防災情報」ではなく、情報を正しく受け取った人が、自らの判断で行動できるような「向き合い方の防災情報」なのではないか。

そこで、この日は番組の中で、大雨の状況と予想だけでなく、改めて注意報・警報・特別警報の意味などを一から説明することにしました。また、土砂災害警戒情報とはなにか、河川の氾濫危険情報と氾濫警戒情報の違い、避難指示と避難勧告の違いも解説しました。

これらの意味は、後ほど詳しく解説します。

緊迫した状況、ますますひどくなる予想

警報の意味を改めて伝えると、テレビ画面を携帯電話で写真に撮り、ツイッターに載せてくれる人などが現れました。

しかし、状況はどんどんひどくなっていきました。

岐阜県下呂市、兵庫県神戸市などで土砂災害が発生し、京都府京都市の鴨川でも遊歩道まで水があふれ、避難指示も出始めました。

読売テレビではこの日から、テレビ画面の左側に大雨情報を、下側に自治体が発表する避難情報を流す、いわゆる防災L字対応となりました。これは台風接近以外では異例のこと。

午後に気象庁も台風・大雪以外では異例の「緊急会見」を開きました。

「現段階で災害が発生し始めていますが、まだ今後も数日大雨が広範囲で続き、過去数十年なかったような大雨になるおそれがあります。危険な状態になる前に各自早めの避難行動をお願いします」と。

夕方の予想では、まだ2日以上大雨は続く見通しで、この数日だけでなんと7月の降水量の2倍以上の雨が広範囲で降る、経験したことのない状況でした。

この時の僕は、連日刻一刻と変わる事態に対し、緊張がピークを超えていました。これまでの災害で被災された人のことを思い浮かべることで、なんとか踏みとどまっているような状態。番組中も、指し棒と声が震えないように、おなかに深く息を入れてスタジオに立っていました。

異例の報道特番2本立てとなった金曜日

火曜から大雨が始まって早4日目。前日の真夜中には和歌山県、高知県、福岡県などで大雨による被害が多数出ており、関西でも朝から公共交通機関の運休が相次いでいました。

この日は昼前に大雨特番を臨時放送することになったので、僕は早朝から局に入り、スタッフたちと大急ぎで準備をしていました。

そんな中、8時半頃、1本のニュース速報が流れたんです。

「オウム真理教の死刑囚について死刑執行の手続きを開始」

この速報を受け、各局は急遽《きゅうきょ》、オウム関連のニュースへと切り替え。大阪拘置所で死刑が執行されたために、読売テレビでも大ニュースとなりました。

混乱の中、10時30分には気象庁が緊急会見。内容には重要なポイントが2つありました。

「今後、大雨特別警報の規定値に達し、発表する可能性があります」

「過去に大きな災害をもたらした線状降水帯が各地で発生するおそれがあります」

情報発信に対して石橋を叩いて叩いて渡るほど慎重な気象庁としては、これはかなり踏み込んだメッセージでした。「事前の備えをするなら今しかない」という切迫したものだったのです。

ですが、これがどれほどの国民に届いたのか……。

僕はこの一連の流れに、「……なんというタイミングだ」と、愕然《がくぜん》とするしかありませんでした。

昼前に放送した報道特番は、オウム死刑囚のニュースと大雨のニュースの異例の２本立て。テレビ画面の防災L字情報では、画面の左側には大雨情報と被害情報、下側には避難情報、その中で放送しているのは、オウム死刑囚のニュースという異例の事態でした。

午後1時55分から始まる『ミヤネ屋』の時間には、福岡県飯塚市で道路が陥没して車が落下する事故、福岡県北九州市や高知県安芸市などで川が氾濫し広範囲での浸水被害、兵庫県神戸市や岐阜県郡上市でがけ崩れなど、広範囲で事故や災害が同時多発的に起こっていて、生放送中は、スタジオで現地のリポーターと会話ができないほどの激しい雨になっていました。

『ミヤネ屋』では冒頭20分間を天気の枠として与えられましたが、はっきりいって時間が足りません。恐ろしいことにまだこれから24時間以上も非常に激しい雨が西日本の広範囲で続く見通しだったからです。

出番が終わると、歯がゆい思いでウェザールームへと戻りました。

中へ入ると、警報が発表・更新された時に鳴るアラーム音と赤いランプが点滅しっぱなしで、次々と災害発生情報が入るという状況。

そこへ、雨雲レーダーをずっと監視していたスタッフが「これはやばいかもしれない……」と声を上げたんです。

画面を見ると、福岡県から広島県にかけて線状降水帯ができ始めていました。

線状降水帯とは簡単に言えば、大雨を降らす積乱雲が、湿った風のぶつかり合いが続くことで列になって発生し、同じ場所で夏のゲリラ豪雨のような猛烈な雨が3～4時間も続く現象です。これが発生するとどんな場所でも災害が発生します。

頭によぎったのは、2014年の広島での土砂災害、そして2017年に起きた九州北部豪雨での被害でした。

僕らはパソコンを抱えたまま急いでウェザールームを出て、番組のスタッフに必死に緊急事態ということを説明。そしてもう一度、番組の中で大雨情報の時間をもらったのです。

『ミヤネ屋』はもともと台本があってないような番組。臨機応変にもう一度、大雨情報の立て直しをしていただき、残るすべての時間を天気コーナーに変更しました。

この時、放送中になにをやったか、なにを伝えたかは、無我夢中で覚えていません……。

前例がない大雨と平成最悪の豪雨被害

気象庁はこの日、17時10分に福岡県、長崎県、佐賀県に大雨特別警報を発表しました。19時40分には岡山県、広島県、鳥取県に、22時50分に兵庫県と京都府に、さらに日付が変わって7日の0時50分に岐阜県、8日の5時50分に高知県と愛媛県に発表され、**特別警報が出された地域は運用が始まって以来最多の11府県**となりました。

特別警報が出るのは、その場所で50年に一度のレベルの気象状況の時。また、線状降水帯は、1か所でも発生すると大きな災害となりニュースになるものですが、この時、一連の大雨により九州から東海地方まで計15か所も発生したのです。

消防庁によると、死者は224名、行方不明者8名。

住宅の全壊は6758棟、半壊は1万8778棟、床上浸水は8567棟になりました。

河川の氾濫は、北海道から九州まで各地で発生し、土砂災害の発生件数は2512件にものぼりました。これは平成最悪の豪雨被害です。

天気予報にできること・できないこと

「平成30年7月豪雨」のような大災害でも、現在の気象技術で〝ある程度〟の予想はできます。そこは地震や火山の災害とは違うところです。しかし、現状ではまだ〝ある程度〟で〝完璧〟ではありません。予想以上の雨量になることもありますし、意外と降らずに済むこともあります。大雨が降る時間や場所の「ブレ幅」もあります。

気象キャスターは、こういった大雨の時、番組から与えられた時間の中でどの情報をどう伝えるかを考えています。

しかし、すべての地域の情報を細かく伝え切ることは、テレビの天気予報ではできないんです。今回も「あの時、この地域のことをもっと詳しく話しておけば……」ということだらけです。これは、大きな災害の度に思います。

どうすれば、防災行動をとってもらえるように情報を発信できるのでしょうか。

おそらくここまで言えば逃げてもらえるはずです。

「あすの午前中に〇〇市▲▲町1丁目の裏山で土砂崩れが発生しますので、その地域の方々は、きょうのうちに荷物をまとめて避難してください」

「あす午後2時頃に●●川が氾濫しますので、〇〇市の方々は、きょうのうちに対策をしてください」と。

しかし、天気予報というのは、大雨予想や台風予想はしていますが、災害予想はしていません。だからこそ、天気予報で発信される情報の意味を正しく理解しておいて、自分が住んでいる場所は逃げたほうがいいのか、逃げなくてもいいのかを各自で判断してほしいのです。

そこでまずは、みなさんも誤解しているかもしれない、「注意報」「警報」「特別警報」の違いと意味を説明します。

警報はやみくもに出しているわけではない

警報に対して、みなさんはどんな印象を持っていますか？
学生の方は「学校が休みになった、ラッキー」くらいに思っていませんか？（僕が中学生の頃はそうでした……）

警報が発表されると、なぜむやみに外を出歩いてはいけないかというと、**「警報」はその場所（市町村）で、過去の災害を参考にして「人が死ぬかもしれないような重大な災害の起こるおそれがある時、もしくはその基準に達した時に発表されるもの」**だからです。

つまり、同じくらいの雨や風で過去に人が亡くなったり、事故が起きていますというレベルで、ちゃんと基準が設定されているんです。

だから、警報が解除されるまでは、むやみに外を出歩かないでくださいねって意味なんです。

ちなみに、雨のピークが過ぎたのに、なかなか警報が解除されない時ってありますよね？
あれは、川の増水が遅れてやってくることが計算されていたり、土にしみ込んだ水分が抜けるまで時間がかかるからです。

「警報」は、気象庁がやみくもに、適当に出しているわけではありません。
「注意報」は、その前段階で早めに注意を呼び掛けるものと捉えてください。

ただし！　注意報にあって警報にないものがあります。

例えば、霜、低温、濃霧、乾燥、なだれ、雷などは警報がないので、注意報の段階で気を付けなければいけません。

特別警報はその場所で50年に一度のレベル

「人が死ぬかもしれない・事故が起きるかもしれない」という警報の基準を超えて超えて、はるかに超えて、その場所で50年に一度レベルの気象状況の時に発表されるのが「特別警報」です。

特別警報が発表される時は、すでに大きな災害が起き始めているような状況です。

気象庁が緊急会見しますよね。

「ただちに、命を守る行動をとってください」と。

特別警報が出るような時は、その場所で自衛隊が出動するレベルのことが起きていると考えてください。町一帯が浸水していたり、道路や崖が崩れたりしている、いわばサバイバル的状況で発表されるのが「特別警報」です。もはや一概に避難所に行くことが正しいという状況でもなくなっています。

段階として、「注意報」↓「警報」↓「特別警報」となっていますが、重要なことは、**「特**

別警報」を待ってはいけないということ。

特別警報じゃないから大したことないと思わずに、警報の時点で頭を災害モードに切り替えてください。

警報以外の防災情報

警報以外にも、天気予報でお伝えする情報で重要なものがあります。

「土砂災害警戒情報」は聞いたことがありますか?

これは、**「大雨警報」が出ている状況で、特に土砂災害の危険が高まった時に発表されるもの。**「警報」と「特別警報」の間の情報です。

この情報が出ると、役所は住民に対して避難情報の提供や避難所開設の準備を開始します。家の裏に山があったり、崖のすぐ近くに住んでいたりする場合、この情報が自分の住んでいる町に出たら、崖から離れた建物の2階に避難するか、避難指示などが出ているようであれば避難所へと移動してください。ちなみに、日本では年間約1000件の土砂災害が発生しています。他人事ではありません。

また、大雨の際は、河川の増水や氾濫に対して**「洪水警報」**を発表していますが、個別の河川を指定してどれくらい危ないかという情報も出しています。

「指定河川洪水予報」といい、気象庁は、国土交通省または都道府県の機関と共同で、あらかじめ指定した河川について、区間を決めて水位または流量を示した洪水の予報を行っています。これは4段階で、「〇〇川氾濫注意情報」↓「〇〇川氾濫警戒情報」↓「〇〇川氾濫危険情報」↓「〇〇川氾濫発生情報」となっています。

市町村が発表する他の避難情報も、避難勧告と避難指示など、緊急性の高さによって区別されていますが、はっきり言って、これらすべての情報の緊急度合いを頭に入れておくなんてことは、気象・防災関係者のようなプロでない限り、一般市民には大変なことだと思います。

実際に、「平成30年7月豪雨」では、「情報は受け取ったけど、その緊急性がいまいちわからなかった」という声も多く聞かれました。それを受けて国が、もっと避難行動をとりやすいように防災情報を整理したのが、防災情報5段階レベル分けです。

レベル別に見る避難の段階

2019年5月から、防災情報を5段階で伝えることになりました。

例えば、「大雨警報」はレベル3相当、「土砂災害警戒情報」はレベル4相当、「氾濫発生情報」や「特別警報」はレベル5相当というように。

今までにあった情報を、レベルごとに振り分けて整理したといったところでしょうか。

レベル3なら高齢者や乳幼児を連れた方など移動に時間がかかる方は、避難し始める段階です。

レベル4では住民全員が安全を確保しておかなければなりません。

レベル5になると、もう数十年に一度の大災害がその場所で発生し始めるような段階なので、**レベル5になってようやくなにかしようとしても「手遅れ」**になるおそれがあります。

特別警報の項で言いましたが、「レベル5が出ることを待ってはいけない」ということですね。この段階では、命を守る行動を最優先にとってください。

「避難指示（緊急）が出たけどなにもなかった。避難したけど、ただの徒労に終わった」という空振りもあるかもしれません。防災情報というのは、天気の予想が100%でないように、完璧ではありません。

逆に、「レベル4相当の情報が出ているのに、自治体からは避難指示や勧告がなかった」という見逃しもあるかもしれません。

とにかく、レベル4の情報が出たら、自分で責任を持ち、安全の確保に努めてください。

普段、日本で生活している僕たちは〝自助1・協助2・公助7〟という意識で暮らしています。家の近所の街路樹が倒れて道をふさいでいれば、まず役所に連絡してなんとかしても

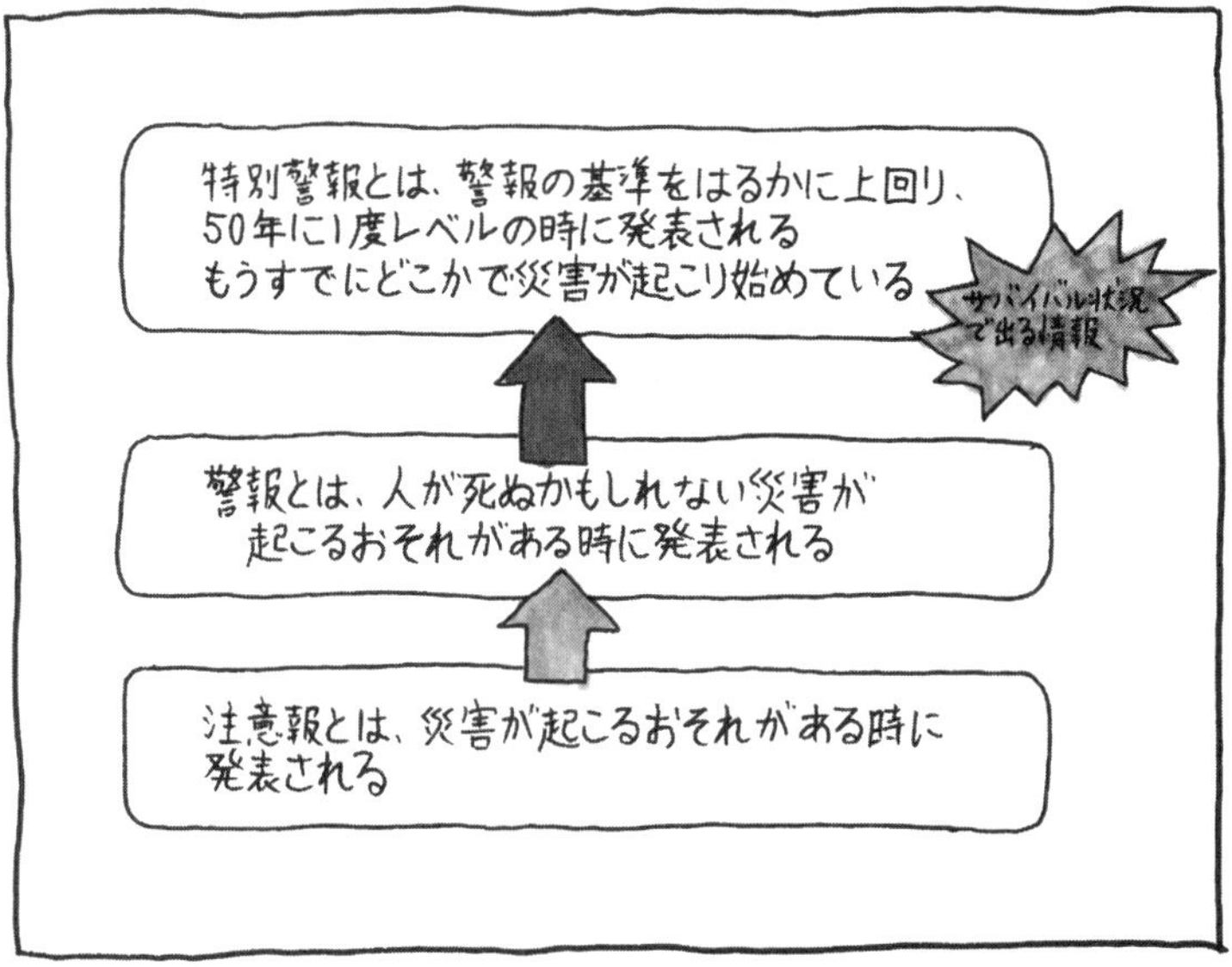

警戒レベルを5段階に整理

警戒レベル	住民が取るべき行動	自治体などから避難の情報	雨の情報(気象庁)
5	災害が発生 命を守る行動を	災害発生情報	特別警報 氾濫発生情報
4	全員避難	避難指示(緊急) 避難勧告	土砂災害警戒情報 氾濫危険情報
3	高齢者など避難	避難準備・ 高齢者等避難開始	大雨・洪水警報 氾濫警戒情報
2	避難方法の確認	―	大雨・洪水注意報 氾濫注意情報
1	最新情報に注意	―	早期注意情報

らいますよね。なにか生活においてトラブルがあれば警察に相談します。しかし、防災においては、基本的な考え方は〝自助7・協助2・公助1〟と、真逆なんです。大きな災害になればなるほどすぐに助けが欲しくなりますが、実際はなかなか救助が来ません。なぜなら、住民だけでなく、消防、警察、救急、役所もすべて同時に被災するからです。

「自分の命は自分で守る」ということの本質はここにあるんですね。

また、災害時のような非日常的な状況になると、誰しも間違った思い込みをしがちです。「自分だけは大丈夫」という「正常性バイアス」、「周りのみんなも逃げていないから自分も大丈夫」という「集団性バイアス」、「過去にこれくらいだったから今回も大丈夫」という「経験性バイアス」。

これらは誰しも、プロの僕でさえも思うことなので、こういった心理状況になるということを頭の片隅に置いておけば、いざという時にその幻想を振り切ることができます。

「自分が思っているよりも少し手前で線を引いて、対策を講じる」ことが大切なんです。

自分の住んでいる場所のことを知る

「平成30年7月豪雨」は、悪条件が重なって起きた災害でした。

しかし気象庁はこの災害について、「地球温暖化に伴う水蒸気量の増加の寄与もあった」

と発表しています。このことから言えるのは、条件さえそろえば今後またこういった大雨が発生しても不思議ではないですし、これまでのデータが通用しない極端な現象も起こりうるということです。

天気予報では、大雨の予想はしても災害予想はしていないとお伝えしましたが、ここでみなさんに活用してもらいたいのが、**ハザードマップ**です。

ハザードマップには、万が一の時、**お住まいの地域でどういうリスクがあるのか**が書いてあります。いざという時の避難所はどこなのか、その避難所は大雨に対応する避難所なのか、地震に対応する避難所なのかということも詳細に記されています。

最近起きた大雨災害で土砂崩れが起きた場所のほとんどは、事前にハザードマップで土砂災害警戒区域に指定されていた場所でした。浸水被害が出た場所も、浸水予想とほぼ合致しています。

役所に行けば無料でパンフレットがもらえますし、インターネットでも国土交通省が「わがまちハザードマップ」というサイトを作っていて、市区町村名を入力するだけで自分の地域のハザードマップのページに一気に飛べるようになっています。

災害が起こっている最中は見る余裕がないので、普段からぜひ確認しておいてください。自分の町のリスクを知るってとても大切ですよ。

例えば、ハザードマップでの浸水エリアは、「●●川で△△ミリの雨が降った時を想定」という風に具体的に雨量が載っています。この数字を知っておくと、自分の家の近所の川はどれくらいの雨でヤバいのかということもわかります。天気予報が伝えている雨量の数字も理解しやすくなります。

日本のこういったハザードマップや、警報・避難情報が出ると携帯に自動でメールが送られてくる仕組みは、世界的に見てもトップレベルだと思います。携帯やパソコンで見られる気象庁の雨雲レーダーは、半径250メートル範囲で雨がどこで降っているかがわかるほどのきめ細かさです。

近年の雨の降り方は「局地化」「激甚化」「集中化」しています。

今まで作ってきた砂防ダム・堤防などのハード面だけでは対応しきれないおそれが出てきています。だからこそ日々進化している気象情報というソフト面も活用してください。

自分のためと考えると「自分は災害に遭っても死なないだろう」という「正常性バイアス」がかかり、面倒だからなにもしないとなりがちです。〝自分の家族が災害に遭わないためになにか備えよう〟と考えると防災行動がとりやすいかもしれませんね。

身内が災害に遭って悲しい想いをする人が1人でも減ることを、気象キャスターとして強く願っています。

警報にまつわるプチ話

災害とマスコミの間での葛藤

気象キャスターになって初めてわかったことがあります。

それは、テレビや新聞のニュースというものは、「画《え》がない」と優先されないということ。天気の話題が大きくトップニュースで扱われるのは、災害が起きた後のことが多いんです。

本来、天気予報というものは、予想を伝え、それをもとに受け手が行動を起こして初めて役に立つもの。

この仕事をやっていて、一番情けない思いをするのは、予想を十分に伝えられずに大きな災害が起こってしまい、翌日のトップニュースで天気の話題を大きく扱う時です。

被害のＶＴＲの最後に、「どうしてこのような大雨になったのか、気象予報士が徹底解説！」なんて振りでスタジオに出ることがあります。

こういう時、もう１人の自分が俯瞰《ふかん》でツッコんでいるんです。

「いや、お前、きのうのうちに言っておけよ」と。

被害現場の中継映像を見ながら申し訳なくて逃げたくなることが、ここ数年で何度もありました。事前に情報を伝えられたとしても、その予想をさらに上回る「観測史上1位」を更新してくることも近年続いています。

ちゃんと伝えるために、『ミヤネ屋』の場合、与えられた天気枠の時間では伝えきれないと思った時には、司会者の宮根さんと天気コーナーを延ばすことがあります。『ミヤネ屋』は台本がないんです。これはつまり、僕は宮根さんになにを聞かれてもプロとして答えられるように常に準備をしておかなければならないということ。

正直、番組に出させてもらうようになった当初は、「アドリブによる鋭いツッコミ」の意図が理解できずに苦しんでいましたが、こうやって10年近く一緒にやらせてもらって、今ようやく「鍛えられていたんだな」ということがわかってきました。

また、災害時以外に、天気予報が外れたり、聞かれたことに答えられなかったりするとガンガンツッコまれるので、こちらも「次こそは」と思って常に勉強してきました。

今では「災害が起きそうな時は、僕に任せてください！」とまで思えるようになりました。あの時のツッコミは、きっと一人前になるようにということだったんですよね、宮根さん……!?

ということで、視聴者のみなさま、僕が宮根さんにいじめられてかわいそうと心配しなくても大丈夫です。

あれっ⁉　真面目な話をするつもりが、結局こんな感じになっちゃいました。

おわりに　～天気予報がおしえてくれたこと～

気象予報士になって嬉しいこと

近頃インタビューなどで、「気象予報士になってよかったことは？」なんて質問をされることがあります。だいたい「天気予報が当たった時ですかね～」と返しているのですが、実はそれ以上に、「なにをしてもパッとしなかった自分が、ずっと飽きずに追究できるものが人生で見つかった」ことが最大の喜びだと思っています。僕自身、まだ出会ったことのない空の現象もいっぱいありますし、天気の伝え方もどうしたらわかりやすくなるかを考え、毎日試行錯誤しながらやっています。

気象キャスターの役割

しかし、よく考えると、気象キャスターって不思議な立ち位置の仕事だと思います。実験や観測を行い研究する「気象学者」でもなく、学校の授業のように気象のことをおしえる「先生」でもありません。気象キャスターは、気象学者らが書いたさまざまな論文を読んで勉強し、最新の気象情報を一般市民にわかりやすく伝える、サイエンスコミュニケーター。つまり、橋渡しのような役割です。

また、災害時の避難指示の権限は気象キャスターにはありません。避難指示を出すのは、あくまで市町村長です。

その日に入る天気に関する大量のデータを解析して、「こうしたほうがいいですよ」と行動を促すまでが気象キャスターの役割です。

ただ、誰がやっても同じというわけではなく、伝え方や言葉選び、その人のキャラクターによって、聞いた人が本当に行動しようと思ってくれるかが問われる、奥の深い仕事でもあります。

僕が尊敬する気象キャスター・森田正光氏の言葉に「我々は、天気は変えられない。しかし、天気予報を伝えることによって、その人の行動は変えることができる」というものがあります。

「言ったつもり」ではなく「伝える」。

「伝える」というのは、受け手が行動を起こして初めて役に立つものです。

僕は天気予報をするにあたり、常に気を付けていることがあります。

それは、「うまいことを言おうとしない」「自意識過剰にならない」ということ。

例えば、専門用語を駆使して知識をひけらかすだけの話し方では、視聴者の方にとっては小難しく、「伝わる」ものではありません。

しかし、10年近くやっていても、いまだにこれに陥ることがあり、放送後に映像を見て「ぎゃああああ」と、1人もん絶することもたまにあります。

そんな時は、恥ずかしく、めちゃくちゃへこみますが、必ず初心に立ち返るようにしています。

どんな気象キャスターを目指しているか

この世界に足を踏み入れた時、どんな気象キャスターを目指そうと思ったか。

「すごいと思われたい」のか、「あんなんやったら誰でもできると思われたい」のか。

僕は後者のほうです。

僕の天気予報は、聞いた人がまた他の誰かに伝えることができるくらいのわかりやすさを目指しています。

いくら予報技術が優れていても、感じが悪かったり、視聴者の方が聞く気に、そして行動を起こす気にならないのであれば意味がないと思っています。

それよりもテレビの天気予報を見た人が「あんなの簡単な仕事やな。晴れ・くもり・雨のどれか言っといたらええんやろ？　自分でもできそうやな」くらいに思われたほうがいいんです。できそうと感じるということは、それだけ伝わっているということなんですよね。

『かんさい情報ネット ten.』で毎日続けている〝あしたの天気のポイントを笑いを交えてイラストに描く〟「スケッチ予報」も、〝大人が子供に天気を伝えるのではなく、子供のほうから大人に天気をおしえられるようなコーナーにしたい〟という想いから始めました。

だから、僕のコーナーを見た小さい子供が天気予報ごっこをしてくれたり、天気に興味を持ってくれたりすることが、なによりも嬉しいんですね。子供が、僕の言ったことをマネして伝えられるなら、大人も僕の話していることを理解できるということですから。

また、気象キャスターが司会者に〝ツッコまれる・イジられる〟というのも、実は悪くは思っていないんですよ。例えば、天気予報が外れた時に放っておかれるよりも「雨降るって言ったじゃないですか〜、シャキッとしてくださいよ〜」と言われたほうが、「あぁ〜、ちゃんと聞いてくれているんだな〜」という風に思えるし、なにより一言みなさんに謝れて、なぜ外れたかということを説明するきっかけができ、それを踏まえて、あすの天気はどうなるかを解説することができるからです。

一般の人からもツッコまれたほうが親しまれている感じがしますしね！（ポジティブシンキング）

天気予報がおしえてくれたこと

こんな風に、いろんな形で天気のことを伝えているからか、ありがたいことによくお手紙をいただきます。その中でも忘れられない1通があります。

それは、「先日、長らく末期のがんで入院していた母が亡くなったのですが、最期まで蓬莱さんの天気予報を楽しみにしていました。お礼を言いたくてお手紙を書きました」というものでした。

このお手紙を読んで、僕は初めて、天気予報は外に出る人のためだけのものではないということに気づかされました。同時に窓から季節の移り変わりを見ていたその人に、あしたの空模様をちゃんと伝えられていたのだろうかと深く考えさせられ、あしたの空がどうなるのかを伝える「重み」も改めて感じたのです。

僕にとって日常であるあしたも、ほかの人にとっては特別な1日かもしれません。誰かの誕生日であったり、結婚式であったり、大切な仕事の日だったり、その日に亡くなることもあったり……。

ただシンプルに伝えるのか、季節感を入れるのか、防災情報として伝えるのか。僕の伝え方ひとつでその日の印象がガラッと変わってしまうかもしれない。だからこそ、毎回気合いを入れてやらなければいけないなと思っています。

天気予報の仕事をして、なによりも気づかされたのは、**きょうの空には、もう二度と出会えない**ということ。

そして、**きょうという日は、きょうしかなく、大切にしないといけない**ということ。

それから、丁寧に仕事をすること、誰かを想って話すこと、毎日を一生懸命生きることも教わりました。

これからも、ただ天気を伝えるだけでなく、きょうの空には二度と会えない、だからこそきょうを楽しく生きて、あしたも頑張りましょう！　というメッセージを、天気予報ににじませていければと思っております。

最後になりましたが、この本を書くにあたってお世話になった幻冬舎の菊地朱雅子氏、山口奈緒子氏にこの場を借りてお礼申し上げます。そして、本を書くことをすすめてくださった、宮根誠司氏、幻冬舎の舘野晴彦氏にも改めてお礼申し上げます。

この本によって、気象キャスターの生態を面白おかしく思ってもらえたり、空を見上げる楽しさが少しでも増したなら、とても幸せに思います。

令和元年9月1日　蓬莱大介

参考文献

『天気と気象　異常気象のすべてがわかる！』　著者：佐藤公俊　発行所：学研パブリッシング
『NHK 気象・災害ハンドブック』　編者：NHK 放送文化研究所　発行所：日本放送出版協会
『雷から身を守るには―安全対策 Q&A―改訂版』　編者：日本大気電気学会　発行所：日本大気電気学会
『史上最強カラー図解　プロが教える気象・天気図のすべてがわかる本』　監修者：岩谷忠幸　発行所：ナツメ社
『気象予報士・蓬莱さんのへぇ～がいっぱい！クレヨン天気ずかん』　著者：蓬莱大介　発行所：主婦と生活社
『雷をひもとけば―神話から最新の避雷対策まで―』　著者：新藤孝敏　発行所：電気学会　発売元：オーム社
『一般気象学［第２版］』　著者：小倉義光　発行所：東京大学出版会
『気象災害を科学する』　著者：三隅良平　発行・販売：ベレ出版
『はい、こちらお天気相談所』　著者：伊東譲司　発行所：東京堂出版
『空と海と大地をつなぐ 雨の事典』　編著者：レインドロップス 発行所：北斗出版
『「雲」の楽しみ方』　著者：ギャヴィン・プレイター＝ピニー　発行所：河出書房新社
『その症状は天気のせいかもしれません』　著者：福永篤志　発行所：医道の日本社
『天気痛を治せば頭痛、めまい、ストレスがなくなる！』　著者：佐藤純　発行所：扶桑社
『雲の中では何が起こっているのか』　著者：荒木健太郎　発行・販売：ベレ出版
『図解　気象・天気のしくみがわかる事典』　監修者：青木孝　発行所：成美堂出版
『知ればトクする天気予報 99 の謎』　著者：ウェザーニューズ　発行所：二見書房
『雨のことば辞典』　編著者：倉嶋厚・原田稔　発行所：講談社
『気象庁物語』　著者：古川武彦　発行所：中央公論新社
『天気と気象 100 ― 一生付き合う自然現象を本格解説―』　著者：饒村曜　発行所：オーム社
『親子で読みたいお天気のはなし』　著者：下山紀夫・太田陽子　発行所：東京堂出版
『いちばんやさしい天気と気象の事典』　著者：武田康男　発行所：永岡書店
『図説　空と雲の不思議 きれいな空・すごい雲を科学する』　著者：池田圭一　発行所：秀和システム

参考資料

浄土宗総本山知恩院　https://www.chion-in.or.jp/
聖観音宗あさくさかんのん浅草寺　http://www.senso-ji.jp/
上州板倉・総本宮　雷電神社　http://www.raiden.or.jp/
賀茂別雷神社　https://www.kamigamojinja.jp/
生身天満宮　https://www.ikimi.jp/
ミツカン水の文化センター機関誌『水の文化』50号 http://www.mizu.gr.jp/kikanshi/no50/
政府広報オンライン　https://www.gov-online.go.jp/
首相官邸　http://www.kantei.go.jp/
国土交通省　http://www.mlit.go.jp/
ウインターライフ推進協議会　http://www.winter-life.jp/
総務省消防庁　https://www.fdma.go.jp/
林野庁　http://www.rinya.maff.go.jp/
気象庁　https://www.jma.go.jp/

取材協力

花王株式会社　感覚科学研究所
株式会社ウェザーニューズ
おてんきや鍼灸整骨院　森田洋史
讀賣テレビ放送株式会社

順不同

蓬莱大介

ほうらいだいすけ

1982年生まれ。兵庫県明石市出身。

早稲田大学政治経済学部を卒業後、俳優を目指していたが挫折。職を転々としていたところ、たまたま書店で気象予報士の資格を知り、一念発起！　約1年半の勉強の末、試験に合格。2011年3月より読売テレビで気象キャスターを担当。

現在は『情報ライブ ミヤネ屋』（月曜～水曜、金曜）、『かんさい情報ネット ten.』（月曜～金曜）、『ウェークアップ！ぷらす』（土曜）に出演し、防災士としても活躍中。

ホームページ「お天気の蓬莱さん」http://hourais-office.co.jp/

装丁／エトフデザイン
カバーイラスト／ナカオテッペイ
イラスト／蓬莱大介

空がおしえてくれること

2019年10月25日 第1刷発行
2021年 7 月30日 第2刷発行

著者
蓬莱大介

発行者
見城 徹

発行所
株式会社 幻冬舎
〒151-0051 東京都渋谷区千駄ヶ谷4-9-7
電話 03(5411)6211(編集)
03(5411)6222(営業)
振替 00120-8-767643

印刷・製本所
株式会社 光邦

検印廃止

Printed in Japan
ISBN978-4-344-03523-2 C0095
幻冬舎ホームページアドレス
https://www.gentosha.co.jp/

この本に関するご意見・ご感想をメールで
お寄せいただく場合は、
comment@gentosha.co.jp まで。